智能制造领域高素质技术技能型人才培养方案精品教材

高职高专院校机械设计制造类专业"十四五"系列教材

机床(工装)夹具设计

JICHUANG (GONGZHUANG)
JIAJU SHEJI

主　编◎王　军　朱卫峰

副主编◎张绪祥　张四新

主　审◎宾光辉

华中科技大学出版社
http://www.hustp.com
中国·武汉

内 容 简 介

本书共有 6 章,内容分别为机床(工装)夹具概述、工件的定位、工件的夹紧、分度装置与夹具体、典型专用夹具设计和工业机器人夹具设计概述。本书从机床夹具的组成与分类、工件的定位原理与定位元件、定位误差的分析计算、工件的夹紧及夹紧装置设计、分度装置及夹具体、专用夹具设计方法等方面系统介绍了机床夹具的组成、结构及设计要点,并配有详实的设计实例加以说明,为设计不同类型的机床夹具提供参考。书稿最后还概述了工业机器人及其夹具的发展现状与应用。

本书可作为高等职业院校机械制造及其自动化、机电一体化、工业机器人、数控技术等专业的教材,也可作为相关专业技术人员的参考书。

图书在版编目(CIP)数据

机床(工装)夹具设计/王军,朱卫峰主编. —武汉:华中科技大学出版社,2021.7
ISBN 978-7-5680-7278-6

Ⅰ.①机⋯ Ⅱ.①王⋯ ②朱⋯ Ⅲ.①机床夹具-设计 Ⅳ.①TG750.2

中国版本图书馆 CIP 数据核字(2021)第 125285 号

机床(工装)夹具设计　　　　　　　　　　　　　　　　　　　　王　军　朱卫峰　主编
Jichuang (Gongzhuang) Jiaju Sheji

策划编辑:张　毅
责任编辑:郭星星
封面设计:孢　子
责任监印:朱　玢
出版发行:华中科技大学出版社(中国·武汉)　　　电话:(027)81321913
　　　　　武汉市东湖新技术开发区华工科技园　　　邮编:430223
录　　排:武汉市洪山区佳年华文印部
印　　刷:武汉市籍缘印刷厂
开　　本:787mm×1092mm　1/16
印　　张:12
字　　数:296 千字
版　　次:2021 年 7 月第 1 版第 1 次印刷
定　　价:38.00 元

机械加工制造是制造业的重中之重。机械加工制造除了需要各种高、精、尖的机床设备以外，还必不可少地需要各种工艺装备。工艺装备是保证产品质量、提高生产率和实现安全文明生产的重要保障。

机床夹具是最重要的一类工艺装备，大量专用机床夹具的采用使机械零件高效、大批量的加工制造得以实现，而此类夹具需根据零件的工序加工要求来专门设计定制。本书从机床夹具的组成、结构及有关概念开始，讨论了工件的定位、夹紧、夹具体、分度装置等基本知识，重点讨论了工件定位方案、夹紧方案和夹具精度分析等夹具的设计问题，分别介绍了钻、铣、车、镗床夹具的设计要点，并配合实例说明了夹具设计的具体问题。本书立足传统，同时概述了工业机器人夹具设计的不同特点。

本书的建议教学时数为 60 学时，具体的学时分配可参考下表：

序号	教学内容	参考学时
1	第 1 章　机床（工装）夹具概述	4
2	第 2 章　工件的定位	22
3	第 3 章　工件的夹紧	10
4	第 4 章　分度装置与夹具体	4
5	第 5 章　典型专用夹具设计	16
6	第 6 章　工业机器人夹具设计概述	4

本书由武汉职业技术学院王军、朱卫峰担任主编，武汉职业技术学院张绪祥、张四新担任副主编。全书由武汉祥昌汽车零部件有限公司的宾光辉高级工程师担任主审。

本书在编写过程中参考和借鉴了许多文献资料，在此，谨对其原作者表示衷心的感谢。

本书融入了"互联网＋"思维，读者扫码即可观看相关视频和动画。由于编者的水平和经验有限，书中难免存在某些疏漏，敬请广大读者批评指正。

编　者

目录 MULU

第1章 机床(工装)夹具概述 ……………………………………… (1)
1.1 工件的装夹方法 ………………………………………… (2)
1.2 机床夹具的组成 ………………………………………… (6)
1.3 机床夹具的作用 ………………………………………… (7)
1.4 机床夹具的分类 ………………………………………… (8)
　思考与练习 ……………………………………………… (10)
第2章 工件的定位 ………………………………………………… (11)
2.1 定位基准 ………………………………………………… (12)
2.2 工件定位基本原理 ……………………………………… (20)
2.3 定位单个典型表面的定位元件 ………………………… (28)
2.4 工件组合定位分析 ……………………………………… (40)
2.5 定位误差 ………………………………………………… (48)
2.6 加工精度的影响因素 …………………………………… (58)
2.7 工件定位方案设计 ……………………………………… (59)
　思考与练习 ……………………………………………… (62)
第3章 工件的夹紧 ………………………………………………… (67)
3.1 夹紧装置的组成和要求 ………………………………… (68)
3.2 夹紧力的确定 …………………………………………… (69)
3.3 基本夹紧机构 …………………………………………… (75)
3.4 定心夹紧机构 …………………………………………… (87)
3.5 联动夹紧机构 …………………………………………… (91)
3.6 夹紧的动力装置 ………………………………………… (95)
　思考与练习 ……………………………………………… (98)
第4章 分度装置与夹具体 ………………………………………… (101)
4.1 分度装置的类型和结构 ………………………………… (102)
4.2 分度装置的设计 ………………………………………… (104)
4.3 夹具体 …………………………………………………… (111)
　思考与练习 ……………………………………………… (114)
第5章 典型专用夹具设计 ………………………………………… (115)
5.1 钻床夹具设计 …………………………………………… (116)
5.2 铣床夹具设计 …………………………………………… (132)

5.3　车床夹具设计 ……………………………………………………………（141）

5.4　镗床夹具设计 ……………………………………………………………（149）

5.5　专用夹具的设计方法 ……………………………………………………（155）

　　思考与练习 …………………………………………………………………（161）

第6章　工业机器人夹具设计概述 …………………………………………（163）

6.1　工业机器人夹具的现状与发展趋势 ……………………………………（164）

6.2　典型工业机器人夹具的结构与特点 ……………………………………（167）

6.3　典型机器人夹具应用案例 ………………………………………………（179）

　　思考与练习 …………………………………………………………………（183）

参考文献 ………………………………………………………………………（184）

第1章
机床(工装)夹具概述

1

◀ **知识目标**

　(1)了解工装、夹具的概念。

　(2)了解工件的装夹方法。

　(3)理解机床夹具的作用、组成及类型。

◀ **能力目标**

　(1)熟悉各类机床夹具及其装夹方法。

　(2)能讲述一副机床专用夹具的各个组成部分、作用及工作过程。

工装是各种工艺装备的简称，是生产单位制造产品所需的刀具、夹具、模具、量具和工位器具的总称。工艺装备不仅是制造产品所必需的，而且作为劳动资料对保证产品质量、提高生产率和实现安全文明生产都具有重要作用。

工艺装备可分为通用工装和专用工装。通用工装由专业工具厂家生产，品种系列繁多，可根据所需要的技术参数在市场上直接选购，适用范围广，可用于不同品种、规格产品的生产和检测。专用工装在市场上一般没有满足需要的现货供应，须由生产单位专门设计和制造，适用范围仅限于某种特定产品的某道特定工序。

为了保证加工的质量，提高生产率，降低生产成本，实现生产过程自动化，除了金属切削机床外，零件的机械加工过程还需要使用各种工艺装备，包括夹具、刀具、量具及其他辅助工具。机床夹具是机械加工过程中的一种重要工艺装备，在零件的机械加工中占有十分重要的地位。

固定工件，使工件相对于机床或刀具占据正确位置，以完成工件的加工和检验，这一作用是由机床夹具来实现的。夹具也广泛应用于产品装配、检验、焊接、热处理和铸造等工艺中。

在金属切削机床上使用的夹具称为机床夹具，在装配中使用的夹具称为装配夹具，此外还有检验夹具、焊接夹具、热处理夹具、铸造夹具等。

◀ 1.1　工件的装夹方法 ▶

一、工件装夹的概念

为了达到图纸规定的加工要求，在加工前必须将工件装好、夹牢，这一过程称为工件的装夹。

加工时，为使工件的被加工表面获得规定的尺寸精度和位置精度，必须使工件在机床上或夹具中占据某一正确的位置，这个过程称为定位。位置正确与否，要用能否满足加工要求来衡量。能满足加工要求的为正确位置，不能满足加工要求的为不正确位置。

把工件夹牢，即将工件定位后的位置固定，称为夹紧。在加工过程中，工件在各种力的作用下应当能够保持正确位置始终不变，这是夹紧工序的任务。

至于定位与夹紧的先后顺序，一般是先定位后夹紧，也有定位和夹紧同时完成的。

工件的装夹过程就是工件在机床上或夹具中定位和夹紧的过程。工件在机床上装夹好以后，才能加工。装夹的正确性、稳固性、便捷性，对工件的加工质量、生产率和经济性均有较大影响。

二、工件装夹的方法

根据加工的具体情况不同，工件在机床上装夹一般有三种方式：直接找正装夹、划线找正装夹和使用专用夹具装夹。

1. 直接找正装夹

工件定位时，用百分表、划针或目测直接在机床上找正工件上某一表面，使工件处于正确的位置，称为直接找正装夹。如图 1-1 所示的套筒零件，为了保证磨孔时的加工余量均匀,先将套筒预夹在单动卡盘中,用百分表找正内孔表面,使内孔轴线与机床主轴回转中心同轴,然后夹紧工件,如图 1-2 所示。

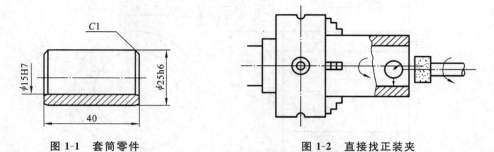

图 1-1 套筒零件　　　　　　　　图 1-2 直接找正装夹

这种装夹方式的定位精度与所用量具的精度及操作者的技术水平有关,找正所需的时间较长,结果也不稳定,只适用于单件小批量生产。当工件加工要求特别高,又没有专门的高精度设备时,可以选用这种方式,此时必须由技术熟练的操作者使用高精度的量具仔细操作。

2. 划线找正装夹

这种装夹方式需要先按加工表面的要求在工件上划出中心线、对称线或各待加工表面的加工轮廓线,加工时再在机床上按所划的线找正以获得工件的正确位置。如图 1-3(a)所示是在牛头刨床上按划线找正的方式装夹工件。操作方法:首先将划针针尖对准工件某处的加工线,再沿工件四周移动划针,查看划针针尖对划线的偏离情况,然后在工件底面垫上适当厚度的纸片或铜片进行调整,直到加工线各处均对准针尖为止。对于较重工件,也可将工件支承在几个千斤顶上,如图 1-3(b)所示,通过调整千斤顶的高度来获得工件正确的位置。

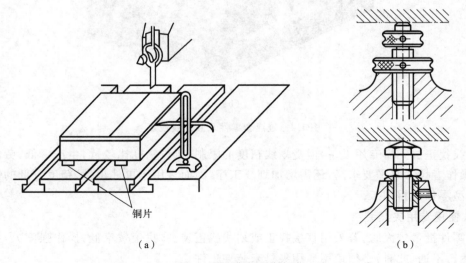

铜片

　　　　(a)　　　　　　　　　　　　　　(b)

图 1-3 划线找正装夹

图 1-4(a)所示为过渡套钻孔工序简图。先按加工要求划好孔的位置线并打出样冲眼,然后按线找正装夹在平口虎钳上(借助 V 形块及端面划线),钻孔时使麻花钻的钻尖对准划线(样冲眼),如图 1-4(b)所示。

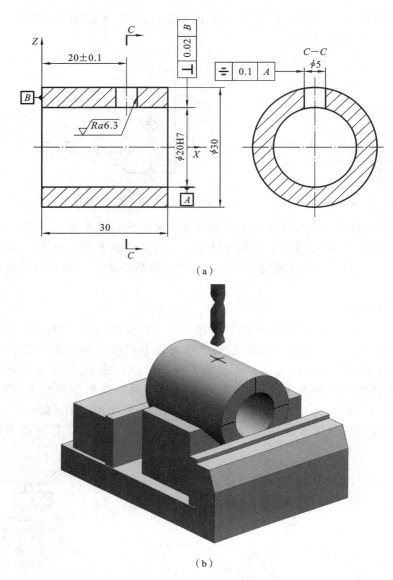

（a）

（b）

图 1-4　过渡套零件及其划线找正

　　划线找正法无需专用设备,但受划线精度的限制,定位精度比较低,生产率低,劳动强度大,对操作者技术水平要求高,还需增加划线工序,因而多用于单件小批、精度较低的铸锻毛坯及大型零件的粗加工。

3. 使用专用夹具装夹

　　当零件批量较大时,若采用直接找正或划线找正装夹,找正效率低,操作强度大,精度不高,显然行不通,此时,必须使用专用夹具来装夹工件。

　　图 1-5 所示为过渡套钻孔使用的钻床专用夹具。由图可以看出,工件是以内孔和左端面与定位心轴 2 和支承板 7 保持接触进行定位,从而确定了工件在夹具中的正确位置;用螺母 6 和开口垫圈 5 夹紧工件;钻头通过钻套 4 引导,在工件上钻孔。由于钻套 4 的轴线到支承板 7 的间距是根据工件上孔中心到左端面的距离来确定的,因此,保证了钻套 4 引导的钻

头在工件上有一个正确的加工位置,在加工过程中能防止钻头的轴线引偏。

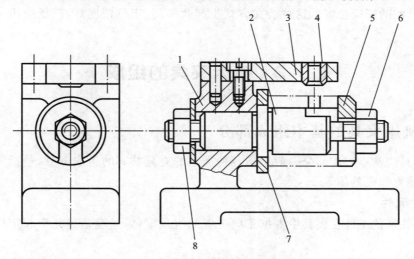

图 1-5 过渡套钻孔专用夹具

1—夹具体;2—定位心轴;3—钻模板;4—固定钻套;5—开口垫圈;6—螺母;7—支承板;8—锁紧螺母

图 1-6(a)所示为销轴零件铣端面槽的工序简图,图 1-6(b)所示为铣端面槽的铣床专用夹具。从图中可以看出,工件是以外圆和底面与定位 V 形块 1 和支承套 7 保持接触进行定位,从而确定了工件在夹具中的正确位置;用夹紧 V 形块 2 和偏心轮 3 夹紧工件;对刀块 4 确定了刀具相对于工件的正确位置;两个定位键 6 确定了整副夹具相对于机床的正确位置。

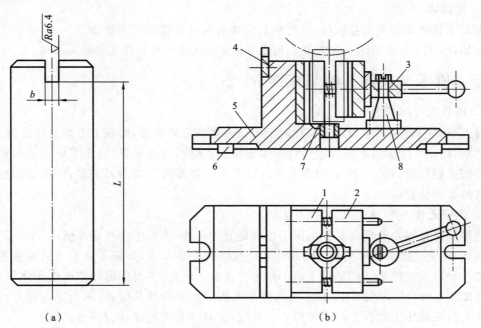

（a）   （b）

图 1-6 销轴零件及铣端面槽铣床夹具

1—定位 V 形块;2—夹紧 V 形块;3—偏心轮;4—对刀块;5—夹具体;6—定位键;7—支承套;8—支座

使用夹具装夹时,工件在夹具中能够迅速而准确地定位与夹紧,不需找正就能保证工件与机床、刀具间的正确位置。这种装夹方式生产效率高、定位精度好,广泛应用于零件的批量生产中。

◀ 1.2 机床夹具的组成 ▶

一、机床夹具的基本组成部分

机床夹具的基本组成部分一般是指各种类型的夹具共有的组成部分,包括夹具的定位元件、夹紧装置和夹具体等。

1. 定位元件

定位元件是使工件在夹具中占据正确位置的组成零件,一般是指几个起定位作用的零件组合。

例如,图 1-5 所示钻床夹具中的定位心轴 2 和支承板 7、图 1-6 所示铣床夹具中的 V 形块 1 和支承套 7 都是定位元件,它们使工件在夹具中占据正确位置。

2. 夹紧装置

夹紧装置的作用是将工件压紧夹牢,保证工件在加工过程中受各种力作用时不离开已经占据的正确位置。

例如,图 1-5 所示钻床夹具中的螺母 6 和开口垫圈 5、图 1-6 所示铣床夹具中的 V 形块 2 和偏心轮 3 都是夹紧元件,构成了夹具的夹紧装置。

3. 夹具体

夹具体是机床夹具的基础件,它将夹具的所有元件连接成一个整体。

例如,图 1-5 所示钻床夹具的件 1 和图 1-6 所示铣床夹具的件 5 都是夹具体。

二、机床夹具的其他组成部分

1. 对刀或导向装置

对刀或导向装置用于确定刀具相对于定位元件的正确位置,实现了刀具对准定位元件。

例如,图 1-5 所示钻床夹具的钻套 4 和钻模板 3 组成导向装置,确定了钻头轴线相对定位元件的正确位置;图 1-6 所示铣床夹具的对刀块 4 和塞尺组成对刀装置,确定铣刀相对定位元件的正确位置。

2. 连接元件

连接元件是确定整副夹具在机床上正确位置的元件,实现了夹具对准机床。

例如,图 1-5 所示钻床夹具的夹具体 1 的底面为安装基面,保证了钻套 4 的轴线垂直于钻床工作台以及定位轴 2 的轴线平行于钻床工作台。因此,夹具体可兼作连接元件。

在图 1-6 所示铣床夹具中,除了夹具体 5 的底面作为安装基面外,两个定位键 6 也确定了铣床夹具在铣床工作台上的正确位置。此时,夹具体和定位键均为连接元件。

此外,车床夹具上的过渡盘等也是连接元件。

3. 其他装置或元件

其他装置或元件泛指因特殊需要而设置的夹具。例如,若需加工按一定规律分布的多个表面时,常设置分度装置;为方便、准确地定位,常设置预定位装置;对于大型夹具,常设置吊装元件等。

三、机床夹具与工艺系统的关系

机床夹具是整个零件加工工艺系统的一环,它在加工工艺系统中占据重要地位。图 1-7 所示为机械加工工艺系统关联图,从图中可以看出,夹具是整个工艺系统联系的纽带,它将工艺系统中的其他各要素(机床、刀具、工件)连接为一体。

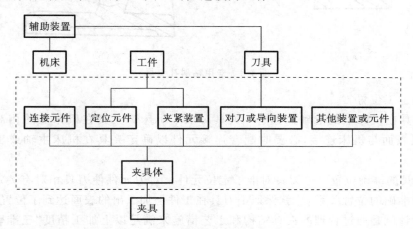

图 1-7 机械加工工艺系统关联图

◀ 1.3 机床夹具的作用 ▶

在机械制造过程中,广泛采用大量夹具,机床夹具就是夹具的一种。它装在机床上,使工件相对刀具与机床保持正确的相对位置,并能承受切削力的作用。如车床上使用的自定心卡盘,铣床上使用的平口虎钳、分度头等,都是机床夹具。机床夹具的作用主要有以下几个方面。

一、较容易、较稳定地保证加工精度

用夹具装夹工件时,工件相对于刀具(或机床)的位置由夹具来保证,基本不受工人技术水平的影响,因而能较容易、较稳定地保证工件的加工精度。如图 1-8(a)所示零件的斜孔加工,就需要用图 1-8(b)所示的专用钻斜孔夹具来完成。

机床夹具的使用,主要是为了保证加工所获得的表面相对工序基准的位置精度。

当批量生产采用专用夹具加工工件时,工件的定形尺寸精度和形状精度主要由刀具本身和成形运动的精度保证,而定位尺寸精度和位置精度主要靠夹具保证。

例如,图 1-4(a)所示的过渡套用图 1-5 所示的钻床夹具装夹加工时,钻床夹具所能保证的是加工孔的定位尺寸(20 ± 0.1) mm 及对内孔 $\phi 20$ mm 的对称度公差 0.1 mm,加工孔的定形尺寸 $\phi 5$ mm 由定尺寸的麻花钻保证。

据此分析,可归纳出机床夹具保证加工精度"三准确"的工作原理:

(1) 工件在夹具中的准确定位——工件对准了定位元件。工件的定位使工件在夹具中

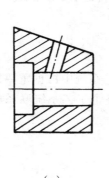

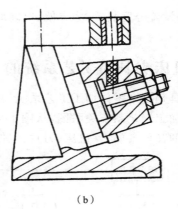

（a） （b）

图 1-8 专用钻斜孔夹具

占据准确的加工位置。

（2）夹具在机床上的准确位置——夹具对准了机床。夹具在机床上的相对定位使夹具体的连接表面与机床连接，必要时配合连接元件以确定夹具在机床主轴或工作台上的准确位置。

（3）刀具的准确位置——刀具对准了定位元件。对刀元件使刀具相对有关定位元件的工作面保持准确的位置关系，这就保证了刀具在工件上加工出的表面达到了位置精度要求。

夹具设计就是通过合理的夹具结构和工艺措施来满足以上加工精度"三准确"，该工作原理是夹具设计的精髓。

二、提高劳动生产率

采用机床夹具后，工件不需要逐件进行划线和找正，装夹方便迅速，显著地减少了加工辅助时间，提高了劳动生产率。如采用图 1-8(b)所示的专用钻斜孔夹具，省去了在工件加工位置划十字中心线、在交点处打样冲眼的时间，也省去了将工件按角度要求摆正并找正样冲眼位置的时间。

三、扩大机床的工艺范围

使用专用夹具可以改变机床的用途和扩大机床的工艺范围，在机床设备受限的情况下实现一机多能，扩大了现有机床设备的工艺适应能力。例如，在车床或摇臂钻床上安装镗模夹具后，就可对箱体零件的孔系进行镗削加工。

四、改善劳动条件，保证生产安全

使用专用机床夹具可减轻工人的劳动强度，改善劳动条件，降低对工人操作技术水平的要求，进而保证生产的安全。

◀ 1.4 机床夹具的分类 ▶

机床夹具的种类很多，可以从不同的角度对机床夹具进行分类。常用的分类方法有以下三种。

一、按夹具的使用特点分类

1. 通用夹具

已经标准化的、可加工一定范围内不同工件的夹具,称为通用夹具,如自定心卡盘、单动卡盘、可倾虎钳、回转工作台、分度头等,如图 1-9 所示。这些夹具已作为机床附件由专门工厂制造供应,可直接选购使用。

（a）自定心卡盘 　　　　　（b）单动卡盘 　　　　　（c）可倾虎钳

（d）回转工作台 　　　　　　　　　（e）分度头

图 1-9 通用夹具

2. 专用夹具

专门为某一工件的某道工序加工设计制造的夹具,称为专用夹具。专用夹具一般在批量生产中使用,采用调整法来加工工件,如图 1-6 所示的销轴铣端面槽的铣床夹具便是专用夹具。设计专用夹具是本课程讨论的主要内容。

3. 可调夹具

某些元件可调整或可更换,以适应结构形状和尺寸相近的多种工件加工的夹具,称为可调夹具。它还分为通用可调夹具和成组夹具两类。

4. 组合夹具

采用标准的夹具元件、部件,专门为某一工件的某道工序组装的夹具,称为组合夹具。组合夹具使用完毕后,可拆解重新组装成加工其他工件所需的夹具。

5. 拼装夹具

用标准化、系列化的夹具零部件拼装而成的夹具,称为拼装夹具。它具有组合夹具的优点,同时比组合夹具精度高、效率高、结构紧凑,它的基础板和夹紧部件中常带有小型液压缸。此类夹具更适合在数控机床上使用。

二、按使用机床分类

夹具按使用机床可分为车床夹具（简称车夹具）、铣床夹具（简称铣夹具）、钻床夹具（简称钻夹具或钻模）、镗床夹具（简称镗夹具或镗模）、齿轮机床夹具、数控机床夹具、自动机床夹具、自动线随行夹具以及其他机床夹具等。

三、按夹紧的动力源分类

夹具按夹紧的动力源可分为手动夹具、气动夹具、液压夹具、气液增力夹具、电磁夹具以及真空夹具等。

 ## 思考与练习

1-1 常用的工件装夹方法有哪些？

1-2 机床夹具由哪些部分组成？各有何作用？

1-3 为什么说机床夹具是整个机械加工工艺系统联系的纽带？

1-4 简述夹具能够保证工件加工精度的原因。

1-5 简述通用夹具和专用夹具的特点和使用范围。

第 2 章
工件的定位

◀ **知识目标**

（1）理解定位基准及其选择原则。

（2）理解定位基准与定位基面的区别与联系。

（3）理解六点定位原则。

（4）掌握典型定位元件限制的自由度及其设计方法。

（5）了解定位方式及消除过定位的工艺措施。

（6）掌握定位误差的分析和计算方法。

（7）了解工件在夹具中安装加工时加工精度的影响因素。

◀ **能力目标**

（1）能分析一个现成定位方案并判断其合理性。

（2）能根据工件的加工要求,分析应该限制的自由度,确定定位方案,完成定位方案设计。

（3）会分析和计算定位误差,判断定位方案的合理性。

工件在夹具中定位，就是在夹具静止状态下依靠定位元件的作用使工件相对于机床、刀具占有一个一致的、正确的加工位置的过程，它是通过工件上某些几何要素和夹具上定位元件的支承面接触或配合来实现的。

◀ 2.1 定位基准 ▶

工件在装夹时定位必须依据一定的基准，下面先讨论基准的概念。

一、基准的概念及分类

基准就是根本的依据。机械制造过程中所说的基准是指用来确定生产对象上几何要素间几何关系所依据的那些点、线和面。

要确定工件（或零件）上任何一个面（或线、点）的位置，必须用它与另一个（或一些）面（或线、点）的相互关系来表示，则称后者为前者的基准。基准是确定几何要素间几何关系的依据，根据所依据的几何要素不同，分别有基准平面、基准直线（或基准轴线）和基准点。

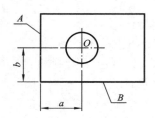

图 2-1　零件几何关系与基准

如图 2-1 所示，孔 O 的位置是由与面 A 的距离 a 和与面 B 的距离 b 来确定的，那么面 A、面 B 则称为该孔的基准，分别称为基准平面 A 和基准平面 B。

根据所起的作用和使用的工艺场合不同，基准可分为设计基准和工艺基准两大类。

1. 设计基准

零件设计图上用来确定某些点、线、面的位置时所依据的那些点、线、面，称为设计基准。设计基准是零件尺寸标注的起点，由产品设计人员根据零件使用的功能要求来选定。

如图 2-2(a)所示，对于尺寸 20 mm 而言，面 A、面 B 互为设计基准；如图 2-2(b)所示，外圆

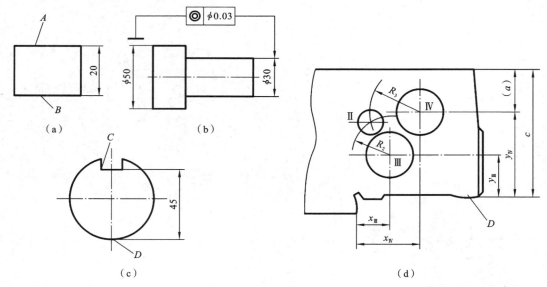

（a）

（b）

（c）

（d）

图 2-2　设计基准

$\phi 30$ mm 和外圆 $\phi 50$ mm 的设计基准是轴线,对于同轴度而言,外圆 $\phi 50$ mm 的轴线是外圆 $\phi 30$ mm 同轴度的设计基准;如图 2-2(c)所示,外圆素线 D 是槽 C 的设计基准;如图 2-2(d)所示,孔 Ⅱ 的设计基准是孔 Ⅲ、孔 Ⅳ 的轴线,孔 Ⅲ、孔 Ⅳ 的设计基准都是面 D 和面 E。

2. 工艺基准

工艺基准是零件加工与装配过程中所采用的基准,由工艺设计人员选定。工艺基准可分为以下四种。

1) 工序基准

在工序图上,用来标定本工序加工表面位置的基准,称为工序基准。判断时可通过工序图上标注的加工尺寸与几何公差来确定工序基准,如图 2-3 所示。

就其实质来说,工序基准是用来确定本道工序加工表面位置的基准,从工序基准到加工表面间的尺寸即是工序尺寸。工序基准一般与设计基准重合,有时为了加工、测量方便,可与定位基准或测量基准相重合。

2) 定位基准

加工中,使工件在机床上或夹具中占据正确位置的基准,称为定位基准。例如,直接找正装夹工件时,找正面就是定位基准;划线找正装夹工件时,所划的线就是基准;用夹具装夹工件时,工件与定位元件相接触的面就是定位基准(定位基面)。

3) 测量基准

工件在加工中或加工后测量时所用的基准,称为测量基准。如图 2-4 所示,素线 A 是加工面 B 的测量基准。

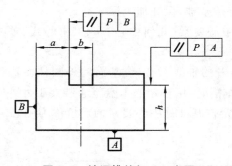

图 2-3   铣通槽的加工工序图

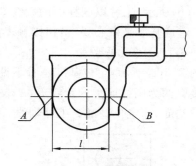

图 2-4   测量基准

4) 装配基准

产品装配时,用以确定零件在部件或产品中的位置所使用的基准,称为装配基准。图 2-5(a)所示为一部件装配图,图 2-5(b)所示为其左端带轮零件图,在零件图上标出了该零件的装配基准为内孔和右端面。

上述各类基准应尽可能重合。在设计机械零件时,应尽可能以装配基准作为设计基准,以便保证装配精度。在编制零件加工工艺规程时,应尽可能以设计基准为工序基准,以便保证零件的加工精度。在加工和测量工件时,应尽量使定位基准和测量基准与工序基准重合,以便消除基准不重合误差。

二、定位基准与定位副

定位基准保证了同一批工件在夹具或机床上占有相同的正确位置,定位基准是被加工

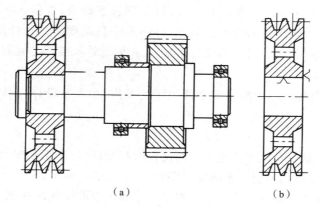

图 2-5　装配基准

工件上的几何要素。

1. 定位基准与定位基面

作为定位基准的点、线、面,可能是工件上的某些存在的面,也可能是看不见摸不着的中心线、中心平面、球心等,往往需要通过工件某些定位表面来体现,这些表面称为定位基面。例如,用自定心卡盘夹着工件外圆,体现以轴线为定位基准,外圆面为定位基面。严格地说,定位基准与定位基面有时并不是一回事,但可以代替,只是中间存在了一个误差。

（1）定位基准是接触要素:相接触的轮廓要素(面、线、点),是存在并可见的几何要素。

如图 2-6(a)所示,工件以与定位元件的接触面 A、B 为定位基准,分别保证工序尺寸 H、h;如图 2-6(b)所示,工件以圆柱面的素线 C 为定位基准,保证加工尺寸 h。

（2）定位基准是中心要素:相接触表面的中心要素(几何中心、球心、中心线、轴线、中心对称平面等),是不可见要素。

如图 2-6(c)所示,定位基准是看不见摸不着的轴线 O,定位基面为外圆柱面,而工件定位实现接触的为圆柱面上的素线 D、E;又如,车削时,用自定心卡盘定心装夹工件外圆,外圆面为定位基面,而定位基准为工件轴线。这种定位基准是中心要素的定位称为中心定位。

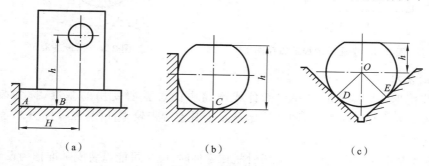

图 2-6　定位基准

2. 定位副

工件的定位是通过工件的定位基准(定位基面)与夹具的定位元件(限位基面)相接触或相包容配合而实现的,此时,工件的定位基准(定位基面)与夹具的定位元件(限位基面)构成一对定位关系,这一对定位关系称为定位副。

当工件以回转面(圆柱面、圆锥面等)与定位元件接触(或配合)时,工件上的回转面称为定位基面,其轴线称为定位基准。如图 2-7 所示,工件以圆孔在心轴上定位,工件的内孔面称为定位基面,它的轴心线称为定位基准。与此对应,定位元件心轴的圆柱面称为限位基面,心轴的轴线称为限位基准。

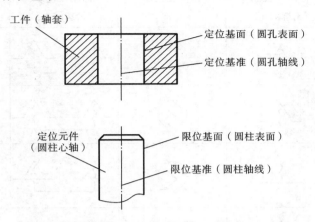

图 2-7 以圆孔在心轴上定位的定位基准与限位基准

当工件以平面与定位元件接触定位时,如图 2-8 所示,工件上那个实际存在的面是定位基面,它的理想平面(平面度误差为零)是定位基准。如果工件上的这个平面是精加工过的,形状误差很小,可认为定位基面就是定位基准。同样,定位元件以平面限位时,由于夹具的制造精度一般较高,可认为限位基面就是限位基准。

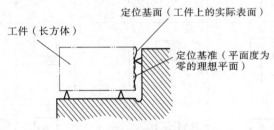

图 2-8 平面定位基准与限位基准

限位基面和限位基准是夹具中定位元件上的几何要素。理论上,工件在夹具上定位时,定位基准与限位基准重合,定位基面与限位基面接触。

常见的定位副如表 2-1 所示。

表 2-1 定位副对照表

接触形式	工件		定位元件	
	定位基面	定位基准	限位基面	限位基准
圆柱面接触	工件圆柱面	工件圆柱轴线	定位元件圆柱面	定位元件圆柱轴线
平面接触	工件平面		定位元件平面	

3. 定位符号和夹紧符号的标注

在确定了工件的定位方案及夹紧力的方向和作用点后,应在工序图上标注定位符号和夹紧符号。定位符号、夹紧符号已有机械工业部的部颁标准(JB/T 5061—2006),如表 2-2 所示。

表 2-2　定位符号和夹紧符号(JB/T 5061—1991)

分类		独立支承		联动支承	
		标注在视图轮廓线上	标注在视图正面	标注在视图轮廓线上	标注在视图正面
定位支承类型	固定式				
	活动式				
辅助支承					
手动夹紧					
液压夹紧		Y	Y	Y	Y
气动夹紧		Q	Q	Q	Q
电磁夹紧		D	D	D	D

　　图 2-9 所示为典型零件定位符号、夹紧符号的标注。定位符号 ⊥ 后面的数字表示该定位基面限制的自由度数量,若限制的自由度数量为 1 则省略。

三、定位基准的选择

　　定位基准是零件在加工过程中安装、定位的基准,定位基准使工件在机床或夹具上获得正确的位置。机械加工的每一道工序都要求考虑其安装、定位的方式和定位基准的选择问题。

　　定位基准有粗基准和精基准之分,定位基准的选择就有粗基准的选择和精基准的选择。

　　零件开始加工时,所有的表面都未加工,只能以毛坯面作定位基准,这种以毛坯面为定位基准的称为粗基准。

　　在随后的工序中,用加工后的表面作为定位基准的称为精基准。在加工中,首先使用的

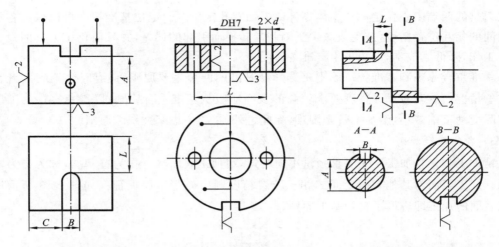

（a）长方体上铣不通槽　（b）盘类零件上加工两个直径为d的孔　（c）轴类零件上铣小端面键槽

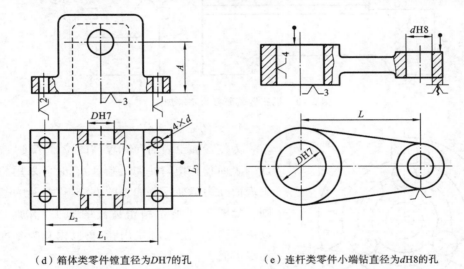

（d）箱体类零件镗直径为DH7的孔　　（e）连杆类零件小端钻直径为dH8的孔

图 2-9　典型零件定位、夹紧符号的标注

是粗基准,但在选择定位基准时,为了保证零件的加工精度,首先考虑的是选择精基准,精基准选择之后,再考虑合理选择粗基准。

1. 定位精基准的选择

选择精基准时,重点考虑的是减少工件的定位误差,保证零件的加工精度和加工表面之间的位置精度,同时也要考虑零件的装夹方便、可靠、准确。一般应遵循以下原则:

1）基准重合原则

直接选用设计基准为定位基准,称为基准重合原则。采用基准重合原则可以避免定位基准和设计基准不重合引起的定位误差(基准不重合误差),零件的尺寸精度和位置精度更易于保证。关于基准不重合所引起的定位误差的分析计算,详见本章2.5节定位误差的计算部分。

2）基准统一原则

同一零件的多道工序尽可能选择同一个(一组)定位基准定位,称为基准统一原则,比如柄式刀具的两端中心孔定位和箱体零件的一面双孔定位等。定位基准统一可以保证各加工表面间的相互位置精度，避免或减少了因基准转换而引起的误差，并且简化了夹具的设计和制造工作，降低了成本，缩短了生产准备时间。

　　基准重合原则和基准统一原则是选择精基准的两个重要原则，但有时会遇到两者相互矛盾的情况。这时对尺寸精度要求较高的表面应服从基准重合原则，以避免容许的工序尺寸实际变动范围减小，给加工带来困难，除此之外，主要考虑基准统一原则。

　　3）自为基准原则

　　精加工和光整加工工序要求余量小而均匀，用加工表面本身作为精基准，称为自为基准原则。加工表面与其他表面之间的相互位置精度则由先行工序保证。如图 2-10 所示机床导轨表面的加工即遵循了自为基准原则。

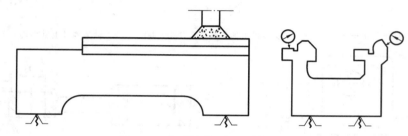

图 2-10　机床导轨面自为基准加工

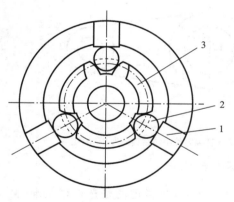

图 2-11　精密齿轮互为基准加工
1—夹紧块；2—精密圆柱；3—齿轮

　　4）互为基准原则

　　为使各加工表面间有较高的位置精度，或为使加工表面具有均匀的加工余量，有时可采用两个加工表面互为基准反复加工的方法，称为互为基准原则。如图 2-11 所示精密齿轮的加工，精加工时先以齿面为基准定位加工内孔，再以内孔为基准定位加工齿面。

　　5）装夹方便原则

　　所选精基准应能保证工件定位准确、稳定，装夹方便、可靠，夹具结构简单。定位基准应有足够大的接触和分布面积，以保证能承受较大的切削力，使定位稳定可靠。

2. 定位粗基准的选择

　　粗基准的选择要重点考虑如何保证各个加工表面都能分配到合理的加工余量，保证加工面与不加工面的位置精度、尺寸精度，同时还要为后续工序提供可靠的精基准。一般按下列原则选择：

　　1）保证相互位置要求的原则

　　选取与加工表面相互位置精度要求较高的不加工表面作为粗基准。如图 2-12 所示工件，应选择外圆表面作为粗

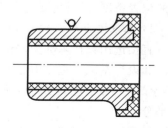

图 2-12　以不加工表面作为粗基准

基准,这样可以保证加工面与不加工面的位置精度。

2）以加工余量最小的表面作为粗基准

以加工余量最小的表面作为粗基准,以保证各表面都有足够的余量。如图 2-13 所示的锻造轴毛坯大小端外圆的偏心达 3 mm,若以大端外圆为粗基准,则小端外圆可能无法加工出来,所以应选择加工余量较小的小端外圆为粗基准。

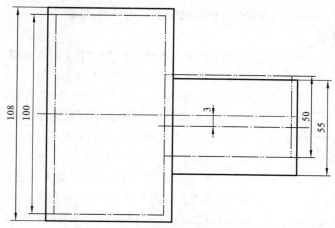

图 2-13　以加工余量小的表面为粗基准

3）选择零件上重要的表面作为粗基准

图 2-14 所示为机床导轨加工,先以导轨面作为粗基准来加工床脚底面,然后以底面作为精基准加工导轨面,如图 2-14（a）所示,这样才能保证床身的重要表面——导轨面加工时所切去的金属层尽可能薄且均匀,以保留组织紧密、耐磨的金属表面,而图 2-14（b）所示则为不合理的定位方案。

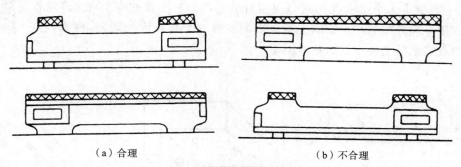

（a）合理　　　　　　　　　　　　　　（b）不合理

图 2-14　床身导轨面加工粗基准的比较

4）便于工件装夹的原则

选择毛坯上平整光滑的表面（不能有飞边、浇口、冒口和其他缺陷）作为粗基准,以使定位可靠,夹紧可靠。

5）粗基准尽量避免重复使用的原则

因为粗基准未经加工,表面粗糙,在第二次安装时,其在机床上（或夹具中）的实际位置与第一次安装时可能不一样。

对于复杂的大型零件,从兼顾各方面的要求出发,可采用划线找正法来选择粗基准,以合理分配加工余量。

◀◀ 2.2 工件定位基本原理 ▶▶

一、六点定位原则

六点定位原则,简称六点定则,六点定则是定位的基本原理。

1. 工件的自由度

一个在空间处于自由状态的工件,位置的不确定性可描述如下:如图 2-15 所示,将工件放在空间直角坐标系中,工件可以沿 x、y、z 轴有不同的位置,称为工件沿 x、y、z 轴的 3 个移动自由度,用 $\vec{x}$、$\vec{y}$、$\vec{z}$ 表示;也可以绕 x、y、z 轴有不同的位置,称为工件绕 x、y、z 轴的 3 个转动自由度,用 $\hat{x}$、$\hat{y}$、$\hat{z}$ 表示。因此,空间自由工件共有 6 个自由度 $\vec{x}$、$\vec{y}$、$\vec{z}$ 和 $\hat{x}$、$\hat{y}$、$\hat{z}$。

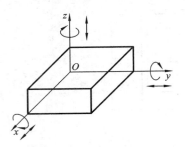

图 2-15 自由工件在空间坐标系中的 6 个自由度

工件定位的实质就是要限制对加工有不良影响的自由度,使工件在夹具中占有某个确定的正确加工位置,也就是说要对以上 6 个自由度施加必要的约束条件。

2. 定位模型

在夹具中,限制工件的自由度是由固定的定位支承点(简称支承点)来实现的,工件必须与支承点保持接触。图 2-16 所示是一个长方体工件的定位分析模型。在图 2-16(a)中,工件以 3 个不同方向的平面 A、B、C 为定位基准,在这些定位基面上分别布置了数量不同的支承点:面 A 上布置了 3 个不共线的支承点 1、2、3,可以限制 $\vec{z}$、$\hat{x}$、$\hat{y}$ 这 3 个自由度;面 B 上布置了 2 个支承点 4、5,可以限制 $\vec{y}$、$\hat{z}$ 这 2 个自由度;面 C 上布置了 1 个支承点 6,可以限制自由度 $\vec{x}$,这样工件的 6 个自由度就被限制了。用合理分布的 6 个空间支承点限制工件 6 个自由度的规则,称为六点定则。六点定则是工件定位的基本原则。

从六点定则可以看出,1 个支承点平均限制工件 1 个自由度,工件被限制自由度的数量最多为 6 个。

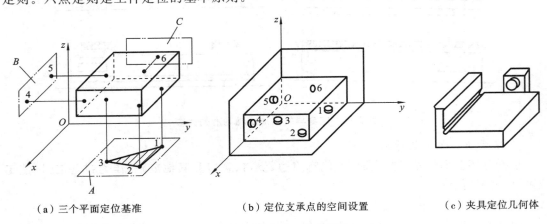

(a) 三个平面定位基准　　　　　(b) 定位支承点的空间设置　　　　　(c) 夹具定位几何体

图 2-16 长方体工件的定位

在实际生产中,支承点表现为连续的几何体,即定位元件,如图 2-16(b)和图 2-16(c)所示。在图 2-16(b)中,1 个支承点等效成实际定位支承钉。在图 2-16(c)中,根据几何分析,两点共线,三点共面,点 4、5 可以等效成一狭长平面,定位时,该狭长平面与工件面 B 保持线接触;点 1、2、3 可以等效成一大平面,定位时,该大平面与工件面 A 保持面接触。

注意理解"1 个支承点平均限制工件 1 个自由度"的"平均"意义。从以上分析可以看出,大平面定位提供了 3 个支承点 1、2、3,限制工件的 3 个自由度$\vec{z}$、$\hat{x}$、$\hat{y}$,是指综合结果,1 个支承点平均限制工件 1 个自由度,而不必明确支承点与自由度的一一对应关系。线接触提供了 2 个支承点,限制了工件的 2 个自由度,也是同样的道理。

当分析工件在夹具中的定位时,容易产生两种错误的理解:

一是认为工件定位后,仍具有沿定位支承相反方向移动的自由度。

因为工件的定位是以工件的定位基面与定位元件相接触形成定位副为前提条件,如果工件离开了定位元件也就不称其为定位,也就谈不上限制其自由度了。至于工件在外力的作用下,有可能离开定位元件,那是夹紧工序要考虑的问题。

二是认为工件在夹具中被夹紧了,也就没有自由度可言,因此,工件也就定了位。

这种把定位和夹紧混为一谈,是概念上的错误。我们所说的工件的定位是指所有加工工件在夹紧前要在夹具中按加工要求占有一致的正确位置(不考虑定位误差的影响),而夹紧是在工件处于任何位置时均可夹紧,不能保证各个工件在夹具中处于同一位置。

3. 支承点的分布规律

无论工件的形状和结构怎么不同,它们的 6 个自由度都可以用 6 个支承点来限制,只是 6 个支承点在空间的分布状态不同罢了,支承点的分布必须合理,否则 6 个支承点就限制不了 6 个自由度,或不能有效地限制 6 个自由度。以下是几种典型工件的支承点合理分布的方法。

1)长方体的定位

如图 2-16 所示,工件有平面 A、B、C 这 3 个定位基准,其中平面 A 的面积最大,为主要定位基准。工件底面 A 上的 3 个支承点 1、2、3 呈三角形分布,限制了 3 个自由度$\vec{z}$、$\hat{x}$、$\hat{y}$,它们应布置成三角形,三角形的面积越大,定位越稳。工件侧面 B 较狭长,面积中等,作为第二定位基准,在沿平行于底面 A 方向设置两个支承点 4、5,限制了$\vec{y}$、$\hat{z}$。注意这两点不能垂直放置,否则,工件绕 z 轴的转动自由度$\hat{z}$就不能限制了。定位基面 C 的面积最小,为第三定位基准,余下的 1 个自由度由支承点 6 限制。

2)圆柱体的定位

如图 2-17 所示,工件的定位基准为长圆柱的轴线、端平面和键槽侧面。因为长圆柱面积最大,将用作主要定位基面,主要定位基准为长圆柱面的轴线,为中心定位,其圆柱面与 V 形块呈两直线接触(支承点 1、2,直线 1-2;支承点 3、4,直线 3-4),共同限制工件 4 个自由度$\vec{y}$、$\vec{z}$和$\hat{y}$、$\hat{z}$;端平面的支承点 5 限制工件 1 个自由度$\vec{x}$;键槽侧面的支承点 6 限制工件 1 个自由度$\hat{x}$。这样工件的 6 个自由度均被限制。

上述长圆柱面的四点定位及配合另一个限制圆周方向的支承点,是轴类、套类零件的典型定位形式。

3）圆盘的定位

圆盘的特点是圆柱面较短,圆柱面的定位功能将降低,而圆盘的端平面较大,可作为主要定位基准。

如图 2-18 所示,在主要定位基面上设置 3 个支承点 1、2、3,限制工件的 3 个自由度 $\vec{z}$、$\hat{x}$、$\hat{y}$；在短圆柱面上用短 V 形块的 2 个支承点 4、5,限制工件的 2 个自由度 $\vec{x}$、$\vec{y}$；用圆柱销的支承点 6 限制工件 1 个自由度 $\hat{z}$。

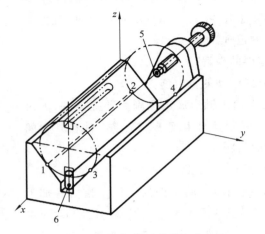

图 2-17　圆柱体工件的定位

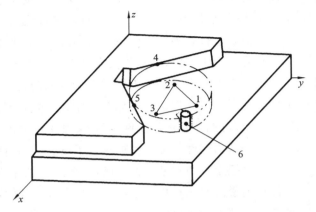

图 2-18　圆盘工件的定位

4. 六点定则的注意事项

（1）工件的定位是通过工件的定位基面与夹具的定位元件的接触或配合来实现的。一旦与工件脱离接触,夹具就会丧失定位作用。

（2）1 个支承点限制工件的 1 个自由度(平均意义)。工件在夹具中定位时,所用支承点的数量最多不能超过 6 个。

（3）在夹具中,工件的自由度都是由定位元件实体来限制的,往往不一定是"点"结构,一般是连续的表面。一个定位元件到底可以等效成几个支承点应具体分析。

途径一：直观分析。一般认为定位元件的平面支承等效成 3 个支承点,线接触等效成 2 个支承点,点接触为 1 个支承点。

途径二：按照定位元件实际限制自由度的个数,来确定它能够等效的支承点数量。如自定心卡盘装夹轴类工件时,若夹持的外圆柱面较短,则认为自定心卡盘提供了 2 个支承点,能限制工件的 2 个移动自由度；若夹持的外圆柱面较长,则认为自定心卡盘提供了 4 个支承点,除能限制工件的 2 个移动自由度外,还能限制工件的 2 个转动自由度。

（4）支承点应合理分布、组合,具体分布、组合形式主要取决于定位基面的形状和位置。如图 2-16 所示的"3、2、1"组合；图 2-17 所示的"4、1、1"组合,和图 2-18 所示的"3、2、1"组合。支承点分布、组合的形式多样,具体由零件结构和加工要求确定。

（5）当工件有多个定位基准时,应以其中之一作为主要定位基准,限制较多的自由度,而其他分别作为第二定位基准和第三定位基准,限制剩下需要限制的自由度。用作主要定位基准的定位基面一般面积最大,限制工件的自由度最多,可以实现工件的快速预定位。常用的主要定位基准(基面)有大平面、长圆柱面和长圆锥面等。

常见的典型单一定位基准的定位接触形态所限制的自由度类别及定位特点见表 2-3。

表 2-3　常见的典型单一定位基准的定位接触形态所限制的自由度

定位接触形态	限制自由度数	自由度类别	特点
长圆锥面接触	5	3 个坐标轴方向的自由度和 2 个坐标轴圆周方向的自由度	可作为主要定位基准
长圆柱面接触	4	2 个坐标轴方向的自由度和 2 个坐标轴圆周方向的自由度	
大平面接触	3	1 个坐标轴方向的自由度和 2 个坐标轴圆周方向的自由度	
短圆柱面接触	2	2 个坐标轴方向的自由度	不可作为主要定位基准,只能作为第二定位基准、第三定位基准
线接触	2	1 个坐标轴方向的自由度和 1 个坐标轴圆周方向的自由度	
点接触	1	1 个坐标轴方向的自由度或坐标轴圆周方向的自由度	

二、工件的定位状态

工件正确的定位状态有完全定位和不完全定位两种,这两种定位状态都能满足工件的加工精度要求。不正确的定位状态有欠定位和过定位两种。在定位设计时,应注意防止欠定位和过定位,避免其对加工精度的不良影响。

1. 完全定位和不完全定位

工件 6 个自由度都被限制的定位状态称为完全定位。完全定位是很常见的定位状态,其特点是工件的工序加工要求较高,工件的定位基准较多,定位设计较复杂。完全定位适用于较复杂工件加工时的定位。

工件被限制的自由度少于 6 个,但能保证加工要求的定位称为不完全定位。不要生搬硬套六点定则,认为所有工件加工时的 6 个自由度全部都要被限制才行。实际上工件加工时并非要求限制全部 6 个自由度,而应根据不同工件的具体加工要求,限制某几个或全部自由度。

图 2-19(a)所示为加工通孔,为保证工件直径 D,只需限制工件的 4 个自由度 $\vec{x}$、$\vec{z}$、$\hat{x}$、$\hat{z}$;图 2-19(b)所示为加工长方体工件的顶面,保证工件的高度尺寸 H 只需限制工件的 3 个自由度 $\vec{z}$、$\hat{x}$、$\hat{y}$。这两种情况都能满足工件的加工要求。

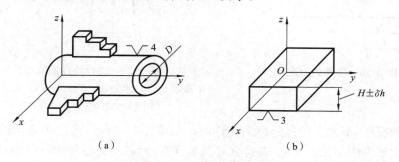

（a）　　　　　　　　　　　　（b）

图 2-19　工件的不完全定位

在工件定位时，以下几种情况允许不完全定位：

（1）加工通孔或通槽时，沿贯通轴的移动自由度可以不限制。

（2）若毛坯是轴对称的，绕对称轴的转动自由度可以不限制。

（3）加工贯通平面时，除可不限制沿两个贯通轴的移动自由度外，还可不限制绕垂直加工面轴的转动自由度。

不完全定位的特点是工件为部分定位，其定位设计较完全定位简单，同时，支承点与加工尺寸间的对应关系更为明确。不完全定位也是很常见的定位形式。

需要注意的是，不完全定位时，限制工件的自由度数量不能少于 3 个，否则无法实现工件的稳定安放。

2. 欠定位和过定位

根据工件加工的技术要求，应该限制的自由度而没有被限制的定位状态称为欠定位。欠定位必然不能保证本工序的加工技术要求，是不允许的。如图 2-20 所示，在工件上钻孔，若在 x 方向上未设置定位挡销，孔到端面的距离就无法保证。

工件的同名自由度被两个或两个以上不同的定位元件重复限制的定位状态，称为过定位，过定位又称为重复定位。

图 2-21 所示是插齿机上插齿时工件的定位，齿轮毛坯 4 以内孔在心轴 1 上定位，限制了工件的 $\vec{x}$、$\vec{y}$、$\hat{x}$、$\hat{y}$ 这 4 个自由度，又以端面在凸台 3 上定位，限制了工件的 $\vec{z}$、$\hat{x}$、$\hat{y}$ 这 3 个自由度，其中 $\hat{x}$、$\hat{y}$ 自由度被心轴和凸台重复限制。由于齿轮毛坯的内孔和心轴的配合间隙很小，当齿轮毛坯的内孔与端面的垂直度误差较大时，齿轮毛坯端面与凸台实际上呈现点接触，如图 2-22(a) 所示，造成定位不稳定。更为严重的是，工件一旦被压紧，在夹紧力的作用下，势必引起心轴或工件的变形，如图 2-22(b) 所示，这样就会影响工件的装卸和加工精度，严重时还会造成机床夹具的损坏，这种过定位是不允许的。

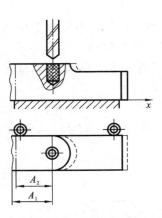

图 2-20　工件的欠定位

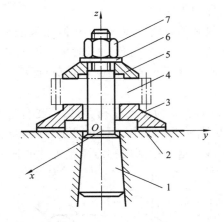

图 2-21　工件的过定位

1—心轴；2—机床工作台；3—定位凸台；4—齿轮毛坯；
5—压块；6—垫圈；7—夹紧螺母

在有些情况下，形式上的过定位是允许的。如图 2-21 所示，当齿轮毛坯的内孔和定位端面是在一次装夹中加工出来的，具有良好的垂直度，而夹具的心轴和凸台也具有较好的垂直度，即使两者有很小的垂直度误差，也可由心轴和内孔之间的配合间隙来补偿。因此，尽管心轴和凸台重复限制了 $\hat{x}$、$\hat{y}$ 自由度，存在过定位，但不会引起相互干涉和冲突，在夹紧力

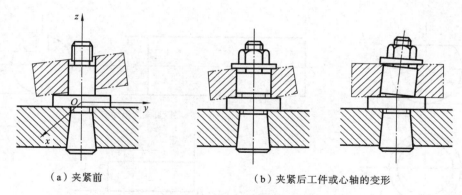

（a）夹紧前　　　　　　　　（b）夹紧后工件或心轴的变形

图 2-22　过定位对装夹的影响

的作用下,工件和心轴不会变形。此时,这种定位方式的定位精度高、夹具的受力状态好,在实际生产中广泛使用。

表 2-4 为以上四种定位状态对照表。

表 2-4　四种定位状态对照表

定位状态	完全定位	不完全定位	欠定位	过定位
定位性质	正确	正确	不正确	不正确
限制自由度数量	6	3～6	＜6	6
定位特点	1. 工件加工要求高; 2. 工件定位基准多; 3. 定位设计复杂; 4. 能保证加工精度	1. 工件部分定位; 2. 定位设计简单; 3. 能保证加工精度	不能满足加工精度要求,不允许出现	影响加工精度,一般不允许出现,有时允许

三、限制工件自由度与加工要求的关系

工件定位时,其自由度可分为两种:一种是影响加工要求的自由度,称为第一种自由度;另一种是不影响加工要求的自由度,称为第二种自由度。为了保证加工要求,所有的第一种自由度都必须严格限制,而某些第二种自由度可根据具体的加工情况(如受力或控制切削行程的需要等)来决定是否需要限制。

具体可按照如下思路进行分析:

(1)根据工序图找出该工序所有的第一种自由度。

① 明确该工序的加工要求(包括工序尺寸和位置精度)和相应的工序基准。

② 建立空间直角坐标系。如图 2-23 所示,当工序基准为球心时,则取该球心为坐标原点;当工序基准为线或轴线时,则取该直线为坐标轴;当工序基准为平面时,则取该平面为坐标面。这样确定了工序基准及整个工件在该空间直角坐标系中的理想位置。

③ 依次找出影响各项加工要求的自由度。

前提:在已建立的坐标系中,加工表面的位置是一定的。

若工件工序尺寸的工序基准沿坐标轴某一方向运动时,尺寸大小会发生变化,则该自由度便影响该工序尺寸。工艺设计时应对 6 个自由度逐个判断。

④ 把影响加工要求的所有自由度累计便得到该工序的全部第一种自由度。

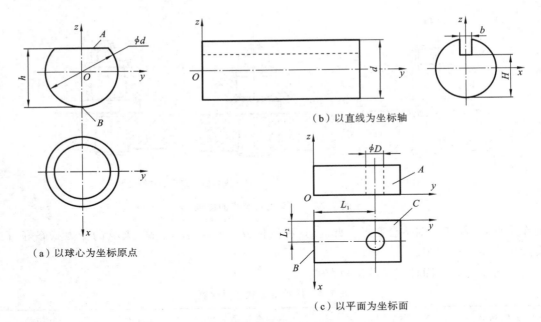

（a）以球心为坐标原点

（b）以直线为坐标轴

（c）以平面为坐标面

图 2-23　不同类型零件空间直角坐标系的建立

（2）找出第二种自由度。从 6 个自由度中去掉第一种自由度，剩下的都是第二种自由度。

（3）根据具体的加工情况、夹具结构、受力状况等，判断哪些第二种自由度需要限制。

（4）把所有的第一种自由度与需要限制的第二种自由度累计，便可知该工序加工需要限制的全部自由度。

满足工序加工要求必须限制的自由度常见情况参见表 2-5。

表 2-5　满足加工要求必须限制的自由度

工序简图	加工要求	必须限制的自由度
加工面（平面）	（1）尺寸 A； （2）加工面与底面的平行度	$\vec{z}$ $\hat{x}$、$\hat{y}$
加工面（平面）	（1）尺寸 A； （2）加工面与下素线的平行度	$\vec{z}$ $\hat{y}$

续表

工序简图	加工要求		必须限制的自由度
	(1) 尺寸 A; (2) 尺寸 B; (3) 尺寸 L; (4) 槽侧面与 N 面的平行度; (5) 槽底面与 M 面的平行度		$\vec{x}$、$\vec{y}$、$\vec{z}$ $\hat{x}$、$\hat{y}$、$\hat{z}$
	(1) 尺寸 A; (2) 尺寸 L; (3) 槽与圆柱轴线平行并对称		$\vec{x}$、$\vec{y}$、$\vec{z}$ $\hat{y}$、$\hat{z}$
	(1) 尺寸 B; (2) 尺寸 L; (3) 孔轴线与底面的垂直度	通孔	$\vec{x}$、$\vec{y}$ $\hat{x}$、$\hat{y}$、$\hat{z}$
		不通孔	$\vec{x}$、$\vec{y}$、$\vec{z}$ $\hat{x}$、$\hat{y}$、$\hat{z}$
	(1) 孔与外圆柱面的同轴度; (2) 孔轴线与底面的垂直度	通孔	$\vec{x}$、$\vec{y}$ $\hat{x}$、$\hat{y}$
		不通孔	$\vec{x}$、$\vec{y}$、$\vec{z}$ $\hat{x}$、$\hat{y}$
	(1) 尺寸 R; (2) 以圆柱轴线为对称轴、两孔对称; (3) 两孔轴线垂直于底面	通孔	$\vec{x}$、$\vec{y}$ $\hat{x}$、$\hat{y}$
		不通孔	$\vec{x}$、$\vec{y}$、$\vec{z}$ $\hat{x}$、$\hat{y}$

【例 2-1】 图 2-24(a)所示为在长方体工件上铣槽的工序图。槽宽 W 由刀具的尺寸保证。问需要限制工件哪几个自由度？

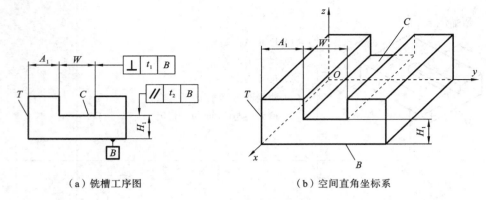

（a）铣槽工序图　　　　　　　　（b）空间直角坐标系

图 2-24　长方体工件上铣键槽

解　（1）找出第一种自由度。

① 明确加工要求与相应的工序基准：工序尺寸 A_1 的工序基准为 T 面；工序尺寸 H_1 的工序基准为 B 面。槽两侧面的垂直度、槽底面的平行度的工序基准也为 B 面。

② 建立空间直角坐标系：以 B 面为 xOy 平面，T 面为 yOz 平面，如图 2-24(b)所示。

③ 分析第一种自由度：影响工序尺寸 A_1 的自由度为 $\vec{y}$、$\hat{x}$、$\hat{z}$；影响工序尺寸 H_1 的自由度为 $\vec{z}$、$\hat{x}$、$\hat{y}$；影响垂直度的自由度为 $\hat{x}$；影响平行度的自由度为 $\hat{x}$、$\hat{y}$。综合起来应该限制的第一种自由度应为 $\hat{x}$、$\vec{y}$、$\hat{y}$、$\vec{z}$、$\hat{z}$。

（2）找出第二种自由度：$\vec{x}$。

（3）判断第二种自由度是否需要限制。如果为便于控制切削行程，应使一批工件沿 x 轴方向的位置一致，故需限制 $\vec{x}$。同时，工件的一个端面紧靠夹具的支承元件，有利于承受 x 轴方向的铣削分力，并有利于减少夹紧力。特别需要指出的是，如果不考虑控制切削行程和承受夹削力，单从影响加工精度方面考虑，自由度 $\vec{x}$ 可以不限制。

（4）综合第一种自由度与需要限制的第二种自由度。

综上分析，在本工序中，6 个自由度都要限制，即选择使工件处于完全定位状态。

◀ 2.3　定位单个典型表面的定位元件 ▶

一、定位元件的基本要求

单个典型表面是指工件上的平面、内外圆柱面、内外圆锥面等单个表面，它们是组成各种不同复杂形状工件的基本几何要素。以下将按典型表面分类介绍各类定位元件，注意这只是这些定位元件的典型使用场合，有时它们也可用于定位其他形式的表面。如支承板、支承钉是定位平面的典型定位元件，但也可用于定位外圆等其他表面；定位销是定位内孔的典型定位元件，也可用作挡销以定位平面等。各类定位元件结构各不相同，用途各异，却有以下相同的基本要求。

1) 足够的精度

由于工件的定位是通过定位副的接触(或配合)实现的,定位元件上限位面的精度直接影响工件的定位精度,因此,限位面应有足够的精度,以适应工件的加工要求。

2) 足够的强度和刚度

定位元件不仅限制工件的自由度,还有支承工件、受力(夹紧力、切削力等)的作用,因此,定位元件应有足够的强度和刚度,以免使用中变形或损坏。

3) 耐磨性好

工件的装卸会磨损定位元件的限位面,导致定位精度下降。定位精度下降到一定程度时,定位元件必须更换,否则,夹具不能继续使用。为了延长定位元件的更换周期,提高夹具的使用寿命,定位元件应有较好的耐磨性。

4) 工艺性好

定位元件的结构应力求简单合理,便于加工、装配调整和更换。

二、工件以平面定位的定位元件

工件以平面作为定位基面,是最常见的定位方式之一。箱体、床身、机座、支架等工件的加工中,较多地采用了平面定位。定位平面的定位元件有以下几种。

1. 主要支承

主要支承用来限制工件的自由度,起定位作用。主要支承有固定支承、可调支承和自位支承三种类型。

1) 固定支承

固定支承有支承钉和支承板两种结构形式,如图 2-25 所示。在使用过程中,它们的位置都是固定不动的。

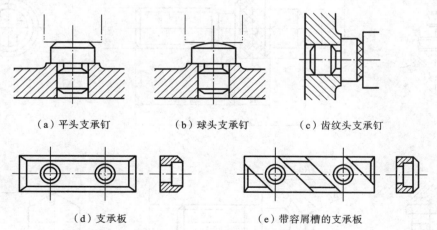

(a) 平头支承钉　　　　(b) 球头支承钉　　　　(c) 齿纹头支承钉

(d) 支承板　　　　　　　(e) 带容屑槽的支承板

图 2-25　支承钉和支承板

当工件以粗糙平面定位时,采用球头支承钉,如图 2-25(b)所示;图 2-25(c)所示齿纹头支承钉多用在工件的侧面,它能增大摩擦系数,防止工件滑动;当工件以加工过的平面定位时,可采用图 2-25(a)所示的平头支承钉或支承板;图 2-25(d)所示的支承板结构简单,制造方便,但孔边切屑不易清除干净,故适用于对工件侧面和顶面的定位;图 2-25(e)所示支承板结构上有容屑槽,便于清除切屑,适用于以工件底面为定位基准的情况。

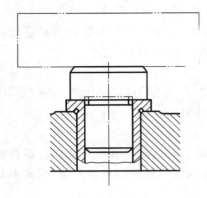

图 2-26 衬套的应用

为保证各固定支承的工作表面严格共面，装配后，需将其一次磨平。支承钉与夹具体孔采用 H7/r6 或 H7/n6 配合。当支承钉需要经常更换时，应加衬套，如图 2-26 所示，衬套外径与夹具体孔一般采用 H7/n6 或 H7/r6 配合，衬套内孔与支承钉一般选用 H7/js6配合。

2）可调支承

可调支承是指支承钉的高度可以根据加工要求进行调节。图 2-27 为几种常用的可调支承。调整时要先松后调，调好高度后再用防松螺母锁紧。

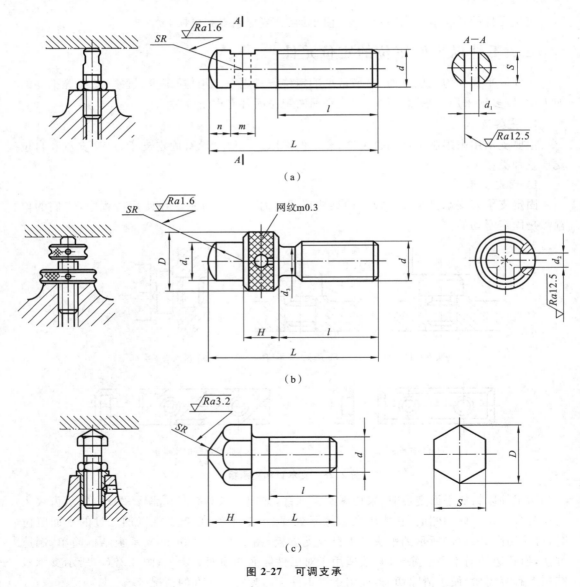

图 2-27 可调支承

可调支承主要用于粗定位基面,或定位基面的形状复杂(如成形面、台阶面等),以及各批次毛坯的尺寸、形状变化较大的情况。如图 2-28(a)所示,毛坯为砂型铸件,先以 A 面定位铣 B 面,再以 B 面定位镗双孔。铣 B 面时,若采用固定支承,由于定位基面 A 的尺寸和形状误差较大,铣完后,B 面与两毛坯孔(图中小孔)的距离尺寸 H_1、H_2 差别也大,致使镗孔时余量很不均匀,甚至余量不够。因此,将固定支承改为可调支承,再根据每批次毛坯的实际误差大小调整支承钉的高度,就可避免上述情况。图2-28(b)所示为利用可调支承加工不同尺寸的相似工件。

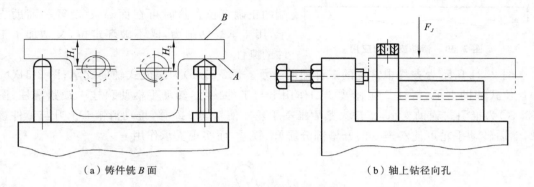

（a）铸件铣 B 面　　　　　　　　　　　　　　（b）轴上钻径向孔

图 2-28　可调支承的应用

可调支承仅在一个批次的工件加工前调整一次,在同一批次工件加工中,它的作用与固定支承完全相同。

3）自位支承

自位支承也称为浮动支承,在工件定位过程中,能根据工件定位基面的状况自动调整作用位置的支承称为自位支承。图 2-29 所示为夹具中常见的几种自位支承。其中图 2-29(a)和图 2-29(b)是两点式(与工件定位基准两点接触)自位支承,图 2-29(c)为三点式自位支承。这类支承的特点是:接触点的实际位置能随着工件定位基面的不同而自动调节,定位基面压下其中一点,其余点便上升,直至各点都与工件接触。接触点数的增加,提高了工件的装夹刚度和稳定性,但其作用仍相当于 1 个固定支承,只限制工件的 1 个自由度。

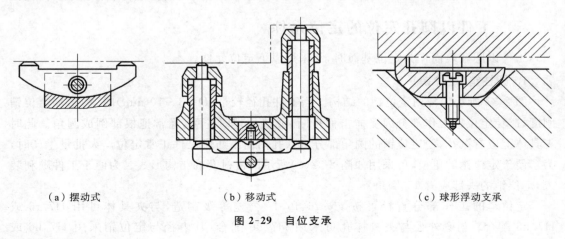

（a）摆动式　　　　　　　　　　（b）移动式　　　　　　　　　（c）球形浮动支承

图 2-29　自位支承

2. 辅助支承

辅助支承不起限定工件自由度的作用,主要用来提高工件的装夹刚度和稳定性。另外,辅助支承还可起预定位的作用。

辅助支承的使用方法：待工件定位和夹紧以后，再调整辅助支承的高度，使其与工件的有关表面接触并锁紧，每装卸工件一次就需要调整一次辅助支承。

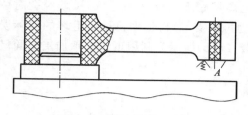

图 2-30　辅助支承的应用

如图 2-30 所示，工件以内孔及端面定位，钻右端小孔。由于右端为一悬臂结构，钻孔时工件的刚性差，会因变形而影响加工精度。若在面 A 处设置固定支承，又属于过定位，有可能破坏左端的正确定位。这时可在面 A 处设置一辅助支承，用于承受钻削力，既不破坏定位，又增加了工件的刚性。

图 2-31 所示为夹具中常见的三种辅助支承。图2-31(a)为螺旋式辅助支承；图2-31(b)为自位式辅助支承，滑柱 2 在弹簧 3 的作用下与工件接触，转动手柄使顶柱 1 锁紧滑柱；图2-31(c)为推引式辅助支承，工件夹紧后推动手轮 4 使斜楔 6 左移，推动滑销 5 上升与工件接触，然后转动手轮可使斜楔 6 的开槽部分胀开、锁紧，而实现支承作用。

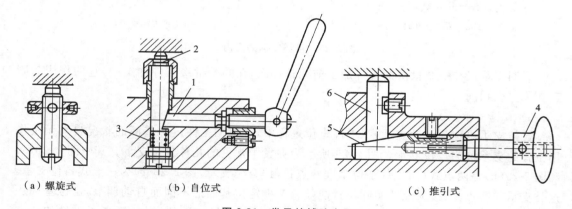

（a）螺旋式　　　　　　（b）自位式　　　　　　　　　（c）推引式

图 2-31　常见的辅助支承

1—顶柱；2—滑柱；3—弹簧；4—手轮；5—滑销；6—斜楔

三、工件以圆孔定位的定位元件

工件以圆孔表面作为定位基面时，常采用以下定位元件。

1. 圆柱销（定位销）

图 2-32 所示为常用定位销的结构。当工件孔径较小（$D=3\sim10$ mm）时，为增加定位销刚度，避免定位销工作部分因受撞击而折断，或热处理时淬裂，通常把根部倒成圆角。此时夹具体上应有沉孔，使定位销的圆角部分沉入孔内而不妨碍工件正常定位。大批量生产时，为了便于定位销的更换，可采用如图 2-32(d)所示的带衬套的结构形式。为便于工件顺利装入，定位销的头部应有 15°倒角。

定位销的工作部分直径可按 g5、g6、f6、f7 公差等级制造，与夹具体可用 H7/r6 或 H7/n6 配合。衬套外径与夹具体孔可采用 H7/n6 配合，其内径与定位销采用 H7/h6 或 H7/h5 配合。

对于不便于装卸的工件，在以被加工孔为定位基面的定位中通常采用定位插销，其结构

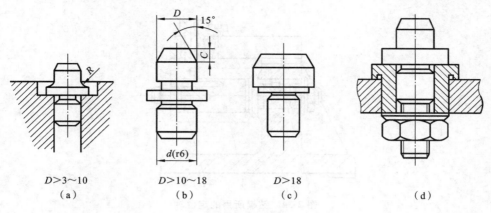

图 2-32　定位销

形式如图 2-33 所示。A 型定位插销可限制工件的 2 个自由度，B 型定位插销（菱形）可限制工件的 1 个自由度。定位插销的主要规格为 $\phi3\sim\phi78$ mm。

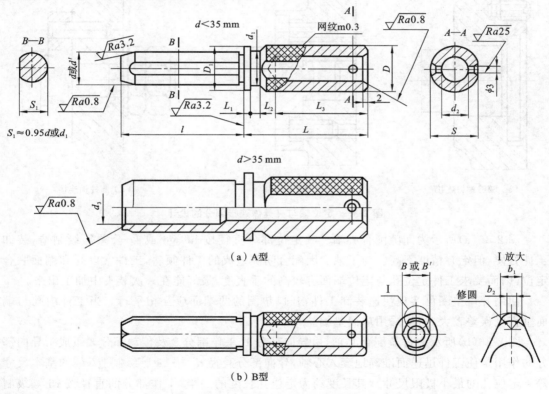

图 2-33　定位插销（JB/T 8015—1999）

2. 定位轴

定位轴通常为专用结构，其主要定位基面可限制工件的 4 个自由度，若再设置防转支承可实现完全定位。图 2-34 所示为钻模所用的定位轴，定位轴上的定心部分 2 通常需最小间隙 0.005 mm；引导部分 3 的倒角为 15°，与夹具体连接部分 1 有多种结构，如图 2-35 所示。

3. 圆柱心轴

图 2-36 所示为常用圆柱心轴的结构形式。

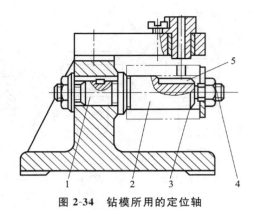

图 2-34   钻模所用的定位轴

1—与夹具体连接部分;2—定心部分;3—引导部分;4—夹紧部分;5—排屑槽

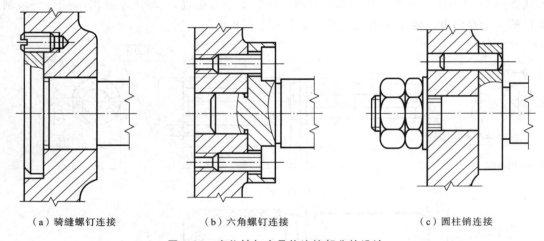

(a)骑缝螺钉连接   (b)六角螺钉连接   (c)圆柱销连接

图 2-35   定位轴与夹具体连接部分的设计

图 2-36(a)所示为间隙配合心轴。其定位部分直径按 h6、g6 或 f7 公差等级制造,装卸工件方便,但定心精度不高。为了减少因配合间隙造成的工件倾斜,工件常以孔和端面联合定位,因而要求工件定位孔与定位端面有较高的垂直度,最好能在一次装夹中加工出来。

使用开口垫圈可实现快速装卸工件,开口垫圈的两端面应互相平行。当工件内孔与端面垂直度误差较大时,应采用球面垫圈。

图 2-36(b)所示为过盈配合心轴,由导向部分 1、工作部分 2 及传动部分 3 组成。导向部分的作用是使工件迅速而准确地套入心轴,导向部分直径 d_3 按 e8 等级制造(d_3 的基本尺寸等于定位孔的最小极限尺寸),其长度约为定位孔长度的一半;工作部分的直径按 r6 等级制造,其基本尺寸等于孔的最大极限尺寸。当定位孔的长径比 $L/d \leqslant 1$ 时,心轴工作部分的直径 $d_1 = d_2$。当长径比 $L/d > 1$ 时,心轴的工作部分应稍带锥度,这时 d_1 按 r6 等级制造,其基本尺寸等于孔的最大极限尺寸,d_2 按 h6 等级制造,其基本尺寸等于孔的最小极限尺寸。心轴两边的凹槽是退刀槽,便于车削工件端面时退刀。这种心轴制造简单,定心准确,不用另设夹紧装置,但装卸工件不便,易损伤工件定位基准孔,因此多用于定心精度要求高的精加工。

图 2-36(c)所示是花键心轴,用于加工以花键孔定位的工件。设计花键心轴时,应根据工件的不同定位方式来确定定位心轴的结构,其配合参数选择可参考上述两种心轴。

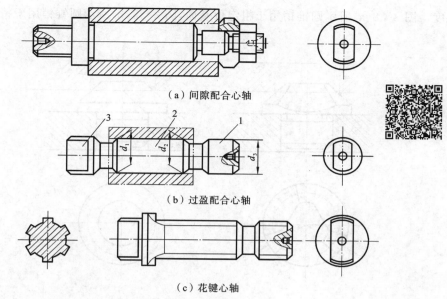

（a）间隙配合心轴

（b）过盈配合心轴

（c）花键心轴

图 2-36 圆柱心轴

1—导向部分；2—工作部分；3—传动部分

心轴在机床上的安装连接方式如图 2-37 所示。

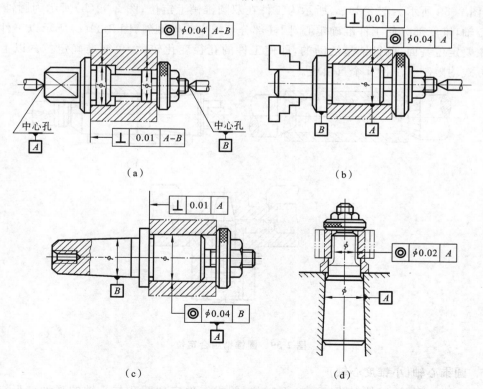

图 2-37 心轴在机床上的安装连接方式

4. 圆锥销

图 2-38 所示为采用圆锥销定位工件内孔的示意图，它限制了工件的 $\bar{x}$、$\bar{y}$、$\bar{z}$ 这 3 个移动

自由度。图 2-38(a)所示圆锥销用于粗定位基面,图 2-38(b)所示圆锥销用于精定位基面。

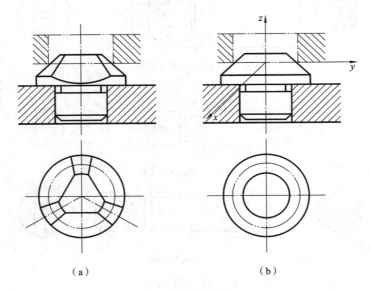

（a） （b）

图 2-38　圆锥销

工件在单个圆锥销上定位容易倾斜,为此,圆锥销一般与其他定位元件组合来实现定位,如图 2-39 所示。图 2-39(a)所示为工件在双圆锥销上定位;图 2-39(b)所示为圆锥-圆柱组合心轴,锥度部分使工件准确定心,圆柱部分可减少工件倾斜;图 2-39(c)所示以工件底面作为主要定位基面,圆锥销是活动的,即使工件的孔径变化较大,也能准确定位。以上三种定位方式均限制了工件 5 个自由度。

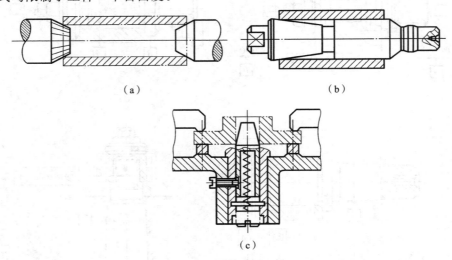

（a） （b）

（c）

图 2-39　圆锥销组合定位

5. 圆锥心轴(小锥度心轴)

如图 2-40 所示,工件在圆锥心轴上定位,并靠工件定位圆孔与心轴的弹性变形夹紧工件,圆锥心轴的锥度 K 推荐值见表 2-6,一般 $K=1/1000\sim1/8000$。

这种定位方式的定心精度较高,不用另设夹紧装置,但工件的轴向位移误差较大,传递

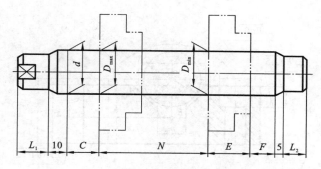

图 2-40 小锥度心轴

的扭矩较小,适用于工件定位孔精度不低于 IT7 的精车和磨削加工,不能用于加工端面。

圆锥心轴的结构尺寸按表 2-7 计算。为保证心轴与工件有足够的接触刚度,当心轴的长径比 $L/d>8$ 时,应将工件按定位孔的公差范围分成 2～3 组,每组设计一根心轴。

表 2-6 高精度心轴的锥度推荐值

工件定位孔径 D/mm	8～25	25～50	50～70	70～80	80～100	>100
锥度 K	$\dfrac{0.01}{2.5D}$	$\dfrac{0.01}{2D}$	$\dfrac{0.01}{1.5D}$	$\dfrac{0.01}{1.25D}$	$\dfrac{0.01}{D}$	$\dfrac{0.01}{100}$

表 2-7 圆锥心轴的结构尺寸

计算项目	计算公式及数据	说明
心轴大端直径 d/mm	$d=D_{max}+0.25\delta_D\approx D_{max}+(0.01\sim0.02)$	D——工件孔的基本尺寸
心轴大端公差 δ_d/mm	$\delta_d=0.01\sim0.05$	D_{max}——工件孔的最大极限尺寸
保险锥面长度 C/mm	$C=\dfrac{d-D_{max}}{K}$	D_{min}——工件孔的最小极限尺寸
导向锥面长度 F/mm	$F=(0.3\sim0.5)D$	δ_D——工件孔的公差
左端圆柱长度 L_1/mm	$L_1=20\sim40$	E——工件孔的长度
右端圆柱长度 L_2/mm	$L_2=10\sim15$	注意:要对所设计的尺寸进行
工件轴向位置的变动范围 N/mm	$N=\dfrac{D_{max}-D_{min}}{K}$	校核。当 $L/d>8$ 时,应分组设计
心轴总长度 L/mm	$L=C+F+L_1+L_2+N+E+15$	

四、工件以外圆柱面定位的定位元件

工件以外圆柱面作为定位基准实现定位时,常用如下定位元件。

1. V 形块

1)V 形块的结构参数及常用结构

如图 2-41 所示,V 形块的主要结构参数如下:

D——V 形块的设计心轴直径,为定位外圆直径的平均值,其轴线是 V 形块的限位基准;

α——V 形块两工作平面间的夹角,有 60°、90°、120°三种,其中以 90°应用最广;

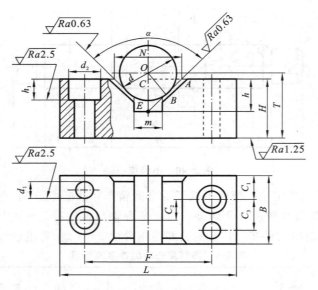

图 2-41　V 形块的结构尺寸

H——V 形块高度；

T——V 形块的定位高度，即 V 形块的限位基准至底面的距离；

N——V 形块的开口尺寸，也是 V 形块的规格尺寸。

V 形块已经标准化。H、N 等参数可从有关手册中查得，但 T 必须计算。

由图 2-41 可知

$$T = H + OC = H + (OE - CE)$$

而

$$OE = \frac{d}{2\sin(\alpha/2)}; \quad CE = \frac{N}{2\tan(\alpha/2)}$$

所以

$$T = H + \frac{1}{2}\left(\frac{d}{\sin(\alpha/2)} - \frac{N}{\tan(\alpha/2)}\right) \qquad (2\text{-}1)$$

当 $\alpha = 90°$ 时，$T = H + 0.707d - 0.5N$。

图 2-42 所示为常用 V 形块的结构形式。其中图 2-42(a) 所示 V 形块用于较短的精定位基面；图 2-42(b) 所示 V 形块用于粗定位基面和阶梯定位基面；图 2-42(c) 所示 V 形块用于较长的精定位基面和相距较远的两个定位基面。V 形块不一定采用整体结构的钢件，可

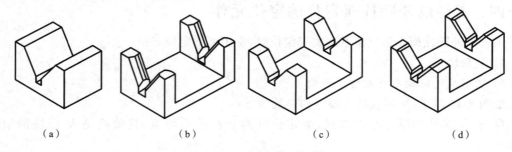

（a）　　　　　　　　　　（b）　　　　　　　　　　（c）　　　　　　　　　　（d）

图 2-42　V 形块的结构类型

在铸铁底座上镶淬硬垫板,如图 2-42(d)所示。

V 形块有固定式和活动式之分。固定式 V 形块在夹具体上装配,一般用 2 个定位销和 2~4 个螺钉连接(如图 2-41 所示 d_1、d_2 处),活动式 V 形块的应用如图 2-43 所示。图 2-43(a)所示为加工轴承座孔时的定位方式,活动 V 形块(长 V 形块)除限制工件 1 个移动自由度和 1 个转动自由度外,还兼有夹紧作用。图 2-43(b)所示为加工连杆孔的定位方式,活动 V 形块除限制工件 1 个转动自由度外,也兼有夹紧作用。

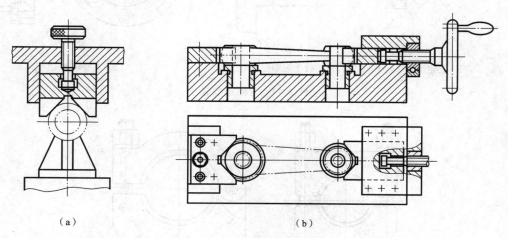

（a）   （b）

图 2-43　活动 V 形块的应用

2）V 形块的使用特点

V 形块是一个对中-定心的定位元件,使用它定位外圆柱面时有以下特性。

(1) 对中作用。不管定位外圆直径如何变化,被定位外圆柱面的轴线一定通过两 V 形斜面的对称平面,可使一批工件的定位基准轴线对中在 V 形块两 V 形斜面的对称平面上,而不受定位外圆直径误差的影响。

(2) 定心作用。V 形块以两 V 形斜面与工件的外圆接触起定位作用。工件的定位基面是外圆柱面,但其定位基准是外圆轴线,即 V 形块起定心作用。

(3) 定位分析。短 V 形块定位外圆,能限制工件的 2 个移动自由度;而长 V 形块定位长外圆时,能限制工件的 4 个自由度,包括 2 个移动自由度及相应的 2 个转动自由度。

(4) 无论定位基面是否经过加工,是完整的圆柱面还是局部圆弧面,都可采用 V 形块定位。因此,V 形块在夹具设计中是使用广泛的定位元件之一。

2. 定位套

图 2-44 所示为常用的定位套。为了限制工件沿轴向移动的自由度,定位套常与端面联合定位。用端面作为主要定位基面时,应控制定位套的长度,以免夹紧时工件产生不允许的变形。

定位套结构简单,容易制造,但定心精度不高,一般适用于对精定位基面的定位。

3. 半圆套

图 2-45 所示为半圆套定位装置,下面的半圆套是定位元件,上面的半圆套起夹紧作用。这种定位方式主要用于大型轴类工件及不便于轴向装夹的工件。定位基面的精度不低于 IT9~IT8,半圆的最小内径取工件定位基面的最大直径。

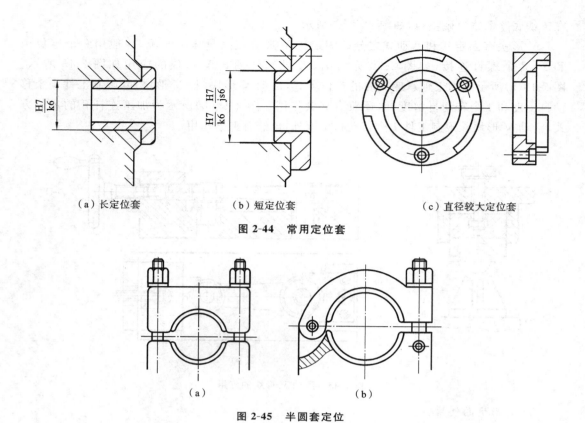

（a）长定位套　　　　（b）短定位套　　　　（c）直径较大定位套

图 2-44　常用定位套

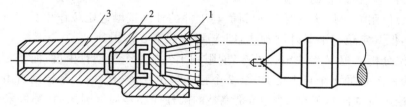

（a）　　　　　　　　　（b）

图 2-45　半圆套定位

4. 圆锥套

图 2-46 所示为通用的圆锥套（又称反顶尖）。工件以圆柱面的端部在圆锥套 1 的锥孔中定位,锥孔表面有齿纹,以便传递扭矩,带动工件旋转。

图 2-46　圆锥套定位
1—圆锥套;2—螺钉;3—顶尖体

◀ 2.4　工件组合定位分析 ▶

　　实际工件的形状千变万化,各不相同,往往不能通过单一定位元件限制单个表面进行准确定位,往往需要用几个定位元件组合起来同时对工件的几个定位基面进行定位。由于形状复杂的工件都是由一些典型表面组合而成的,因此,一个工件在夹具中的定位,实质上就是把上节介绍的各种定位元件作不同组合来共同作用于工件相应的几个定位基面上,分别形成定位副,以满足整个工件的定位要求。

一、组合定位分析要点

（1）组合定位中，各定位基面所起作用有主次之分，支承点数最多的表面为主要定位基准（面），依次为第二定位基准（面）和第三定位基准（面）。

（2）单个表面的定位是组合定位分析的基本单元，单个定位元件所限制的自由度数量与其空间布置无关。

（3）几个定位元件组合起来所限制的自由度总数等于各定位元件单独限制的自由度数量之和。总数不会因组合而发生数量上的变化，但限制了哪些方向的自由度会随组合情况变化。

（4）组合定位中，定位元件在单独限制某定位基面时所限制的移动自由度可能转化为限制工件的转动自由度，转化后，该定位元件就不再起原来限制工件移动自由度的作用了。一般当主要或第二定位基准（面）限制了工件旋转中心后，第三定位基准（面）被限制的移动自由度就会转化为限制工件的转动自由度。

如图 2-43（b）所示，工件底面为主要定位基准（面），限制了 3 个自由度；工件左外圆是第二定位基准（面），由左边固定的短 V 形块限制了 2 个自由度，该短 V 形块同样也限定了工件的旋转中心，即工件只能绕工件左外圆轴线转动；工件右外圆是第三定位基准（面），右边活动的短 V 形块单独作用时，它仅限制工件的 1 个移动自由度，由于工件的旋转中心已被限定，故移动自由度被限制会转化为绕左外圆轴线转动的自由度被限制。该方案是完全定位方案。

二、典型的组合定位：一面两孔定位

在加工箱体、支架类工件时，常用工件的一面两孔作为定位基准，以使基准统一。此时，常采用一面两销的定位方式。这种定位方式简单，可靠，夹紧方便。有时工件上没有合适的小孔时，常可提高现有螺钉过孔的精度或专门加工出两个工艺孔，以实现一面两孔定位。

为避免两销定位时的过定位影响工件的正常装卸，应该将其中之一作成削边销，两销相关的设计计算如下。

设两销孔直径为 D_1、D_2；两定位销直径为 d_1、d_2；销孔中心距及偏差 $L_D \pm T_{L_D}/2$；定位销中心距及偏差 $L_d \pm T_{L_d}/2$。

一批工件定位可能出现定位干涉的最坏情况。例如，工件两孔直径最小（D_{1min}、D_{2min}），两定位销直径最大（d_{1max}、d_{2max}），孔心距最大，销心距最小，或者反之。以上两种情况的定位干涉均应当消除。这两种情况的计算方法和结果是相同的。现以第一种情况为例，计算削边销宽度 b。

如图 2-47 所示，设孔 1 中心 O_1 与销 1 中心是重合的，其中心距误差全部由削边销 2 补偿。O_2 为销 2 中心，O_2' 为孔 2 中心。

$$O_2 O_2' = \frac{T_{L_D}}{2} + \frac{T_{L_d}}{2}$$

由于这一偏移使孔 2 与销 2 产生月牙形干涉区（图中阴影线部分）。为了避免这种干涉，削边销 2 的宽度 b 应当小于等于 BC。

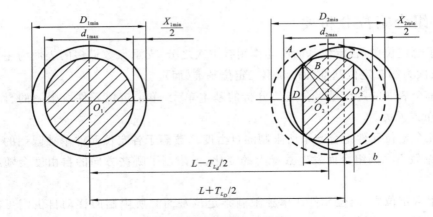

图 2-47　削边销尺寸计算

由直角三角形 BDO_2 和 BDO'_2 可得

$$(BO_2)^2 - (O_2D)^2 = (BO'_2)^2 - (O_2D + O_2O'_2)^2$$

其中，$BO_2 = \dfrac{D_{2min}}{2} - \dfrac{X_{2min}}{2}$，$O_2D = \dfrac{b}{2}$，$BO'_2 = \dfrac{D_{2min}}{2}$，$O_2O'_2 = \dfrac{T_{L_D}}{2} + \dfrac{T_{L_d}}{2}$。

代入上式，化简并略去高阶无穷小项，可得

$$b = \frac{X_{2min} D_{2min}}{T_{L_D} + T_{L_d}} \tag{2-2}$$

式中：X_{2min}——削边销的最小间隙（mm）。

削边销的宽度 b 已标准化，故可反算得

$$X_{2min} = \frac{b(T_{L_D} + T_{L_d})}{D_{2min}} \tag{2-3}$$

为保证削边销的强度，小直径的削边销常做成菱形结构，故又称为菱形销，b 为留下的圆柱部分的宽度，菱形的宽度 B 一般可根据直径查表得到，见表 2-8。

表 2-8　削边销尺寸　　　　　　　　　　　　　　　　　（mm）

	D_2	3~6	6~8	8~20	20~25	25~32	32~40	>40
	b	2	3	4	5	6	6	8
	B	$D_2-0.5$	D_2-1	D_2-2	D_2-3	D_2-4	D_2-5	

【例 2-2】　图 2-48 所示为钻连杆盖四个定位销孔 $\phi 3$ mm 的工序图。其定位方式如图 2-49 所示，工件以平面 A 及直径为 $\phi 12^{+0.027}_{0}$ mm 的两个螺栓过孔（提高精度）定位，采用一面两销的定位方式。要求设计两销中心距及偏差、两销的基本尺寸及偏差。

解　设计步骤如下：

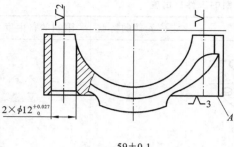

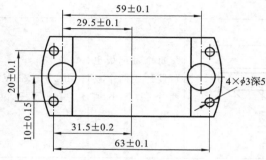

图 2-48　连杆盖钻孔工序图

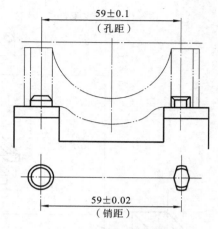

图 2-49　一面两孔定位方式

（1）确定两定位销的中心距。两定位销的中心距的基本尺寸应等于工件两定位孔中心距的平均尺寸,其公差一般取

$$T_{L_d} = \left(\frac{1}{3} \sim \frac{1}{5}\right) T_{L_D}$$

因 $L_D = (59 \pm 0.1)$mm,所以取 $L_d = (59 \pm 0.02)$mm,即 $T_{L_D} = 0.2$ mm,$T_{L_d} = 0.04$ mm。

（2）确定圆柱销直径。圆柱销直径的基本尺寸取与之配合的工件孔的最小极限尺寸,其公差一般取 g6 或 h7。

因连杆盖定位孔的直径为 $\phi 12^{+0.027}_{0}$ mm,取圆柱销的直径 $d_1 = 12g6 = 12^{-0.006}_{-0.017}$ mm。

（3）确定菱形销的尺寸 b。查表 2-8,$b = 4$ mm。

（4）计算菱形销的最小间隙。

$$X_{2\min} = \frac{b(T_{L_D} + T_{L_d})}{D_{2\min}} = \frac{4(0.2 + 0.04)}{12} \text{ mm} = 0.08 \text{ mm}$$

（5）确定削边销基本尺寸 d_2 及公差。

按公式 $d_{2\max} = D_{2\min} - X_{2\min}$ 计算菱形销的最大直径。

$$d_{2\max} = 12 \text{ mm} - 0.08 \text{ mm} = 11.92 \text{ mm}$$

确定菱形销的公差等级,一般取 IT7 或 IT6。

对应尺寸精度 IT6 的公差值为 0.011 mm,所以 $d_2 = 12^{-0.08}_{-0.091}$ mm。

常见的组合定位方式还有采用工件一孔及其端面定位（在齿轮加工中最为常用）,采用 V 形导轨、燕尾导轨等组合定位（应当注意避免过定位的影响）。

三、常见定位方式能限制的自由度

常用定位元件能限制的工件自由度如表 2-9 所示,常见组合定位方式如表 2-10 所示。

表 2-9　常用定位元件能限制的工件自由度

工件定位基面	定位元件	定位方式简图	定位元件的特点	限制的自由度
平面	支承钉		—	$1、2、3-\vec{z}、\hat{x}、\hat{y}$ $4、5-\vec{y}、\hat{z}$ $6-\vec{z}$
	支承板		每个轴承板也可设计成两个或两个以上小轴承板	$1、2-\vec{z}、\hat{x}、\hat{y}$ $3-\vec{y}、\hat{z}$
	固定支承 与 浮动支承		1、3是固定支承，2是浮动支承	$1、2-\vec{z}、\hat{x}、\hat{y}$ $3-\vec{y}、\hat{z}$
	固定支承 与 辅助支承		1、2、3、4是固定支承，5是辅助支承	$1、2-\vec{z}、\hat{x}、\hat{y}$ $3、4-\vec{y}、\hat{z}$ 5—增强刚性，不起定位作用
圆孔	定位销 （心轴）		短销（短心轴）	$\vec{x}、\vec{y}$
			长销（长心轴）	$\vec{x}、\vec{y}、\hat{x}、\hat{y}$

工件定位基面	定位元件	定位方式简图	定位元件的特点	限制的自由度
圆孔	锥销		单锥销	$\vec{x}$、$\vec{y}$、$\vec{z}$
			1 是固定销， 2 是活动销	1—$\vec{x}$、$\vec{y}$、$\vec{z}$ 2—$\vec{x}$、$\vec{y}$
外圆柱面	支承板 或支承钉		短支承板 或支承钉	$\vec{z}$
			长支承板或 两个支承钉	$\vec{z}$、$\hat{y}$
	V 形块		窄 V 形块	$\vec{y}$、$\vec{z}$
			宽 V 形块或 两个窄 V 形块	$\vec{y}$、$\vec{z}$、$\hat{y}$、$\hat{z}$

工件定位基面	定位元件	定位方式简图	定位元件的特点	限制的自由度
外圆柱面	定位套		短套	$\vec{y}$、$\vec{z}$
			长套	$\vec{y}$、$\vec{z}$、$\hat{y}$、$\hat{z}$
	半圆孔		短半圆孔	$\vec{y}$、$\vec{z}$
			长半圆孔	$\vec{y}$、$\vec{z}$、$\hat{y}$、$\hat{z}$
	锥套		单锥套	$\vec{x}$、$\vec{y}$、$\vec{z}$
			1 是固定锥套，2 是活动锥套	1—$\vec{x}$、$\vec{y}$、$\vec{z}$ 2—$\hat{y}$、$\hat{z}$

表 2-10　常见组合定位表

定位基准	定位简图	定位元件	限制的自由度
长圆锥面		圆锥心轴（定心）	$\vec{x}$、$\vec{y}$、$\vec{z}$、$\hat{y}$、$\hat{z}$

定位基准	定位简图	定位元件	限 制 的 自 由 度
两中心孔		固定顶尖	$\vec{x}$、$\vec{y}$、$\vec{z}$
		活动顶尖	$\hat{x}$、$\hat{z}$
短外圆与中心孔		自定心卡盘	$\vec{x}$、$\vec{z}$
		活动顶尖	$\hat{x}$、$\hat{z}$
大平面与两外圆弧面		支承板	$\vec{y}$、$\hat{x}$、$\hat{z}$
		短固定式 V 形块	$\vec{x}$、$\vec{z}$
		短活动式 V 形块（防转）	$\hat{y}$
大平面与两圆柱孔		支承板	$\vec{y}$、$\hat{x}$、$\hat{z}$
		短圆柱定位销	$\vec{x}$、$\vec{z}$
		短菱形销（防转）	$\hat{y}$
长圆柱孔与其他		固定式心轴	$\vec{y}$、$\vec{z}$、$\hat{y}$、$\hat{z}$
		挡销（防转）	$\vec{x}$

续表

定位基准	定位简图	定位元件	限制的自由度
大平面与短锥孔	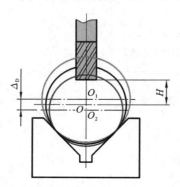	支承板	$\vec{z}$、$\hat{x}$、$\hat{y}$
		活动锥销	$\vec{x}$、$\vec{y}$

◀ 2.5 定位误差 ▶

一、定位误差的概念

六点定则解决了工件在夹具中位置"定不定"的问题,定位误差则解决工件定位位置"准不准"的问题。工件在夹具中的位置是以定位基面与定位元件相接触（配合）来确定的。一批工件在夹具中定位时,由于工件和定位元件存在制造公差,使各个工件占据的位置并不完全一致,加工后形成工序尺寸不一致,产生加工误差。

如图 2-50 所示,在轴上铣键槽,要求保证工序尺寸槽底至轴线距离 H。若采用 V 形块定位,键槽铣刀按规定尺寸 H 调整好位置。实际加工时,由于工件直径存在公差,会使轴线位置发生变化。不考虑加工过程误差,仅考虑因轴线位置变化而引起的工序尺寸 H 的变化,变化量用 Δ_D 表示。此变化量是因工件的定位不准而引起的加工误差,称为定位误差。

工序尺寸 H 的工序基准为轴线,观察尺寸线两端尺寸界线的位置变化,上方尺寸界线标示加工键槽的底面位置,由铣刀位置决定。对同一批工件而言,键槽铣刀调整好位置后不再改变,故上方尺寸界线的位置不会变化。而下方尺寸界线的位置标示轴线 O,由于工件直径存在公差,会使轴线 O 的位置在 O_1 和 O_2 间变化,即工序基准的位置改变导致 H 变化,产生加工误差。因此,工序尺寸 H 发生变化的根本原因是工序基准的位置变化,这种由工件定位不准引起的同一批工件的工序基准在加工尺寸方向上的最大变动量,即为定位误差。计算定位误差 Δ_D 首先要找出工序基准,然后求出它在加工尺寸方向上的最大变动量即可。

工件加工时,由于多种误差的影响,在分析定位方案时,根据工厂的实际经验,定位误差应控制在工序尺寸公差的1/3以内。

分析与计算定位误差的注意事项:

图 2-50 定位误差概念

（1）采用调整法，夹具装夹加工一批工件时才存在定位误差。而用试切法加工时，是按照工件装夹的实际位置进行找正对刀的，此时不存在定位误差。

（2）分析计算得出的定位误差是指加工一批工件时可能产生的最大误差范围，而不是指某一个工件的定位误差的具体数值。

（3）若某工序有多个工序尺寸要求时，各个尺寸会有不同的定位误差，需对每一个工序尺寸逐个分析和计算各自的定位误差。

二、造成定位误差的原因

造成定位误差的原因有两个：一是定位基准与工序基准不重合，由此产生的基准不重合误差 Δ_B；二是定位基准与限位基准不重合，由此产生基准位移误差 Δ_Y。

1. 基准不重合误差 Δ_B

由于定位基准和工序基准不重合而造成的加工误差，称为基准不重合误差，用 Δ_B 表示。

图 2-51(a)所示为铣缺口的工序简图，工序尺寸是 A 和 B。工件以下底面和左侧面 E 定位，对采用调整法加工的同一批工件而言，确定夹具与刀具相对位置的对刀尺寸 C 是固定不变的。

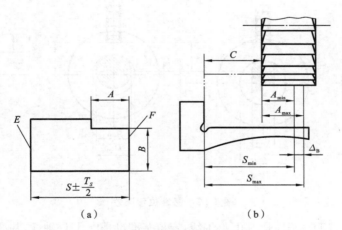

（a）　　　　　　　　（b）

图 2-51　基准不重合误差

对于工序尺寸 A 而言，工序基准是 F 面，定位基准是 E 面，两者不重合。当一批工件逐一在夹具上定位时，受尺寸 S 的影响，工序基准 F 面的位置是变动的，而 F 面的变动影响了尺寸 A 的大小，给尺寸 A 造成误差，这就是基准不重合误差产生的原因。

显然，基准不重合误差等于因定位基准与工序基准不重合而造成的加工尺寸的变动范围。即

$$\Delta_B = A_{max} - A_{min} = S_{max} - S_{min} = T_S$$

S 是定位基面 E 和工序基面 F 间的距离尺寸，称为定位尺寸。当工序基准的变动方向与加工尺寸的方向相同时，基准的不重合误差等于定位尺寸的公差。即

$$\Delta_B = T_S$$

当工序基准的变动方向与加工的工序尺寸的方向成夹角 α 时，基准不重合误差等于定位尺寸公差在加工尺寸方向上的投影，即

$$\Delta_B = T_S \cos\alpha \qquad\qquad (2\text{-}4)$$

当基准不重合误差受多个尺寸影响时，应将其在工序尺寸方向上合成。

基准不重合误差的一般计算公式为

$$\Delta_{\mathrm{B}} = \sum_{i=1}^{n} T_i \cos\beta \tag{2-5}$$

式中：T_i——定位基准和工序基准间的尺寸链组成环的公差（mm）；

β——T_i 方向与加工尺寸方向间的夹角（°）。

如图 2-51 所示，加工尺寸 B 的工序基准与定位基准均为底面，其基准重合，所以 $\Delta_{\mathrm{B}}=0$。

2. 基准位移误差 Δ_{Y}

若定位基准和工序基准重合，但由于工件和定位元件的制造误差会造成定位基准的位置移动，使定位基准偏离其理想位置（限位基准），那么，定位基准相对于理想位置的最大变动量称为基准位移误差，用 Δ_{Y} 表示。

图 2-52(a) 所示是在圆柱面上铣槽的工序简图，工序尺寸为 A 和 B。工序尺寸 B 由铣刀的尺寸保证，不需计算定位误差。图 2-52(b) 所示是定位示意图，工件以内孔 D 在圆柱心轴上定位，O 是心轴轴心，O_1、O_2 是工件孔的中心，C 是对刀尺寸。

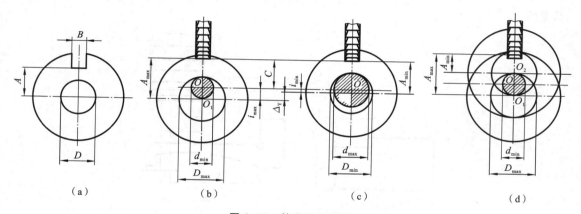

图 2-52　基准位移误差

对尺寸 A 而言，工序基准是内孔 D 轴线，定位基准也是内孔 D 轴线，基准重合，故 $\Delta_{\mathrm{B}}=0$。

理论上，定位基准（内孔轴线）与限位基准（心轴轴线）重合，限位基准是定位基准的理想位置或标准位置或理论位置，限位基准的位置总不会改变。但由于定位副有制造公差和最小配合间隙，定位基准的位置会发生变化，使定位基准与限位基准不能重合，定位基准相对于限位基准偏移了一段距离，由于刀具调整好位置后在加工一批工件过程中位置不再变动，所以定位基准位置的变动给工序尺寸 A 造成加工误差，即为基准位移误差。

基准位移误差应等于定位基准的最大位置变动量。

如图 2-52(b) 所示，当工件内孔 D 的直径为最大（$D_{\max}$），定位心轴直径 d 为最小（$d_{\min}$）时，定位基准的位移量最大（$i_{\max}=OO_1$），工序尺寸也最大（$A_{\max}$）；当工件内孔的直径为最小（$D_{\min}$），定位心轴直径为最大（$d_{\max}$）时，定位基准的位移量最小（$i_{\min}=OO_2$），工序尺寸也最小（$A_{\min}$）。因此，同一批工件定位基准的最大位置变动量为

$$\Delta i = OO_1 - OO_2 = i_{\max} - i_{\min} = A_{\max} - A_{\min}$$

式中：i——定位基准的位移量（mm）；

Δi——定位基准的最大变动量（mm）。

当定位基准的位置变动方向与加工工序尺寸方向平行时,基准位移误差等于定位基准的最大变动量,即

$$\Delta_Y = \Delta i$$

1) 定位副固定单边接触

如图 2-52(b)所示,当心轴水平放置时,工件在自重作用下与心轴保持为固定单边接触,此时

$$\Delta_Y = \Delta i = OO_1 - OO_2 = i_{max} - i_{min} = A_{max} - A_{min}$$

$$= \frac{D_{max} - d_{min}}{2} - \frac{D_{min} - d_{max}}{2}$$

$$= \frac{D_{max} - D_{min}}{2} + \frac{d_{max} - d_{min}}{2}$$

$$= \frac{T_D}{2} + \frac{T_d}{2}$$

2) 定位副任意边接触

如图 2-52(c)所示,当心轴垂直放置时,工件与心轴可能以任意边接触,此时

$$\Delta_Y = \Delta i = OO_1 + OO_2 = D_{max} - d_{min} = T_D + T_d + X_{min} = X_{max}$$

当定位基准位置变动方向与加工尺寸的方向不平行,两者之间成夹角 α 时,基准位移误差等于定位基准的位置变动范围在加工尺寸方向上的投影,即

$$\Delta_Y = \Delta i \cos\alpha \tag{2-6}$$

三、几种典型定位情况的定位误差计算

定位误差 Δ_D 的计算方法有定义法、合成法和尺寸链分析计算法(微分法)等。定义法又称极限位置法,直接计算出由定位引起的加工尺寸或工序基准的最大变动量,即为定位误差。合成法的思路是:造成工件的定位误差是由定位基准与工序基准不重合以及定位基准与限位基准不重合而引起的,因此,定位误差可由基准不重合误差 Δ_B 与基准位移误差 Δ_Y 两者合成。这里只介绍合成计算法。

计算时,先分别算出 Δ_Y 和 Δ_B,然后将两者累计成 Δ_D。

(1) 当 $\Delta_Y \neq 0$,$\Delta_B = 0$ 时,$\Delta_D = \Delta_Y$。

(2) 当 $\Delta_Y = 0$,$\Delta_B \neq 0$ 时,$\Delta_D = \Delta_B$。

(3) 当 $\Delta_Y \neq 0$,$\Delta_B \neq 0$ 时,若工序基准不在定位基面上,则 $\Delta_D = \Delta_Y + \Delta_B$;若工序基准在定位基面上,则 $\Delta_D = \Delta_Y \pm \Delta_B$。式中"+""-"号的确定方法如下。

① 当定位基面尺寸由大变小时,分析定位基准的变动方向。

② 假设定位基准的位置不变,当定位基面尺寸由大变小时,分析工序基准的变动方向。

③ 当两者的变动方向相同时,取"+"号;当两者变动方向相反时,取"-"号,并保证计算的 Δ_D 最终结果为正。

下面分别讨论几种常见的工件定位方式下其定位误差的计算方法。

1. 工件以平面定位

定位基准为平面时,其定位误差主要是由基准不重合引起的,如图 2-51 所示,对于精基准定位,一般不计算基准位移误差。这是因为基准位移误差主要是由平面度引起的,该误差很小,可忽略不计。

【例 2-3】 在图 2-51 中,设 $S=4$ mm,$T_S=0.15$ mm,$A=(18\pm0.1)$ mm,求加工尺寸 A 的定位误差,并分析该方案的定位质量。

解 工序基准和定位基准不重合,有基准不重合误差,其大小等于定位尺寸 S 的公差 T_S,即 $\Delta_B=T_S=0.15$ mm;以 E 面定位加工 A 时,不会产生基准位移误差,即 $\Delta_Y=0$。所以有

$$\Delta_D=\Delta_B=0.15 \text{ mm}$$

而工序尺寸 A 的公差 $T_A=0.2$ mm,此时 $\Delta_D=0.15$ mm$>\frac{1}{3}\times T_A=0.0667$ mm。

因此,定位误差太大,实际加工中容易出现废品,应改变工件的定位方式,采用基准重合的原则来设计定位方案。

2. 工件以内孔定位

工件以内孔定位时,定位误差的大小与工件内孔的制造精度、定位元件的放置形式、定位基面与定位元件的配合性质以及工序基准与定位基准是否重合等因素直接有关。如图 2-52 所示工序存在基准位移误差,若采用弹性可胀心轴限位,由于工件与定位元件之间无相对移动的间隙存在,定位基准与限位基准重合,基准位移误差为零。

1) 工件定位轴心线在水平方向

工件以内孔定位,套在心轴上车削或磨削与孔有同轴度要求的外圆,此时

$$\Delta_Y=\frac{X_{max}}{2}=\frac{T_D+T_d+X_{min}}{2} \tag{2-7}$$

【例 2-4】 如图 2-53 所示,有一套筒零件以内孔在圆柱心轴上定位车外圆,要求保证外圆对孔的同轴度误差为 $\phi0.06$ mm。若定位孔与心轴配合为 $\phi30H7/g6$,判断该定位方案能否保证加工要求。

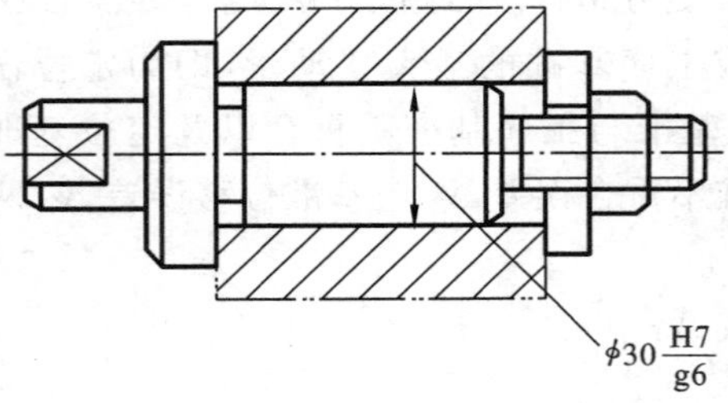

解 查手册知:$\phi30H7=\phi30^{+0.021}_{0}$ mm、$\phi30g6=\phi30^{-0.007}_{-0.020}$ mm。

(1) 同轴度的工序基准是内孔轴心线,定位基准也是内孔轴心线,两者重合,$\Delta_B=0$。

(2) 由于工件是回转加工,所以 $\Delta_Y=\frac{X_{max}}{2}=\frac{0.021-(-0.020)}{2}$ mm≈0.020 mm。

图 2-53 套筒在圆柱心轴上定位车外圆

$\phi30\dfrac{H7}{g6}$

(3) $\Delta_D=\Delta_Y=0.02$ mm,而$(1/3)\times0.06$ mm$=0.02$ mm,定位误差不超过工序尺寸公差的 1/3,所以该定位方案可以保证加工要求。

2) 工件定位轴心线在垂直方向

工件以内孔定位,工件不旋转,需要加工一个与定位孔有精度要求的表面。计算公式见表 2-11。

表 2-11 定位圆柱面的基准位移误差计算表

定位基面	定位元件	Δ_Y	
		单边接触	任意边接触
内孔	定位销	$(T_D+T_d)/2$	X_{max}
外圆	定位套		

【例 2-5】 图 2-54 所示为在金刚镗床上镗活塞销孔的加工示意图,活塞销孔轴心线对活塞裙部内孔轴心线的对称度误差要求为 0.2 mm。以裙部内孔及端面定位,内孔与定位销采用 $\phi95H7/g6$ 配合。求对称度的定位误差,并分析定位质量。

解 查手册知:$\phi95H7 = \phi95^{+0.035}_{0}$ mm、$\phi95g6 = \phi95^{-0.012}_{-0.034}$ mm。

(1) 对称度的工序基准是裙部内孔轴心线,定位基准也是裙部内孔轴心线,基准重合,$\Delta_B = 0$。

(2) 由于定位销垂直放置,定位基准可沿任意方向移动,存在基准位移误差。

$$\Delta_Y = \Delta i = T_D + T_d + X_{min} = X_{max}$$
$$= 0.035 \text{ mm} - (-0.034 \text{ mm})$$
$$= 0.069 \text{ mm}$$

(3) $\Delta_D = \Delta_Y = 0.069$ mm。

(4) 由于 $\Delta_D = 0.069$ mm,而 $(1/3) \times 0.2$ mm $= 0.067$ mm,定位误差稍微超过工序尺寸公差的 1/3,所以该定位方案可行。

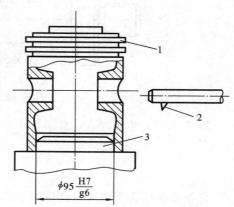

图 2-54 镗活塞销孔示意图
1—工件;2—镗刀;3—定位销

3. 工件以外圆柱面定位

工件以外圆柱面定位时可使用的定位元件有定位套、支承板和 V 形块。定位套和支承板定位的误差分析与前述的平面定位和内孔定位相似。使用定位套定位时的计算公式见表 2-11。下面讨论使用 V 形块实现定位时的定位误差计算。

图 2-55 所示为工件以外圆柱面在 V 形块中定位的定位关系图。由于工件定位基面外圆直径有公差,因而对一批工件来说,当外圆直径由最大 D 变到最小 $D - \delta_D$ 时,工件整体将

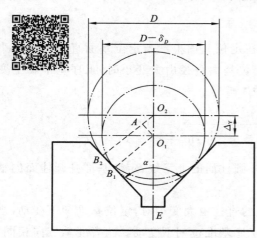

图 2-55 工件在 V 形块上定位的基准位移误差

沿着 V 形块的对称中心平面向下产生位移,而在左右方向则不发生偏移,即工件中心由 O_2 移动到 O_1 点,其位移量 O_2O_1(即 Δ_Y)可以由图中几何关系推出

$$O_1O_2 = \frac{AO_2}{\sin\frac{\alpha}{2}}$$

因为

$$AO_2 = B_2O_2 - B_1O_1 = \frac{D}{2} - \frac{D - \delta_D}{2} = \frac{\delta_D}{2}$$

所以

$$\Delta_Y = O_1O_2 = \frac{\frac{\delta_D}{2}}{\sin\frac{\alpha}{2}} = \frac{\delta_D}{2\sin\frac{\alpha}{2}} \quad (2-8)$$

当工件外圆直径从最大变化到最小时,位移误差 Δ_Y 的方向向下。

【例 2-6】 如图 2-56 所示,工件在铣键槽时,以外圆柱面在 V 形块上定位(V 形块的工

作角度为 α），分析加工的工序尺寸分别标注为 A_1、A_2、A_3 时的定位误差。

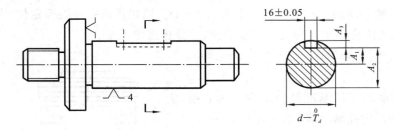

图 2-56　轴上铣键槽工序简图

解　由于工件外圆直径有制造误差，因此会产生基准位移误差，由式(2-8)可得：

$$\Delta_Y = \frac{\delta_D}{2\sin\frac{\alpha}{2}} = \frac{T_d}{2\sin\frac{\alpha}{2}}$$

此基准位移误差也可以利用图 2-55 中的两个直角三角形 O_1B_1E 和 O_2B_2E 求出：

$$\Delta_Y = \Delta i = O_1O_2 = \frac{d}{2\sin\frac{\alpha}{2}} - \frac{d-T_d}{2\sin\frac{\alpha}{2}} = \frac{T_d}{2\sin\frac{\alpha}{2}}$$

对于图 2-56 所示的三种工序尺寸标注方式，其定位误差分别为

（1）当工序尺寸标注为 A_1 时，工序基准是圆柱轴线，定位基准也是圆柱轴线，两者重合，所以 $\Delta_B = 0$。则

$$\Delta_D = \Delta_Y = \frac{T_d}{2\sin\frac{\alpha}{2}}$$

（2）当工序尺寸标注为 A_2 时，工序基准是外圆柱面的下素线，定位基准是圆柱轴线，两者不重合，所以 $\Delta_B = \frac{T_d}{2}$。

由于定位基面是外圆柱面，此时，工序基准在定位基面上。当定位基面直径由大变小时，定位基准朝下变动；当定位基准位置不动，定位基面直径由大变小时，工序基准朝上变动。两者的变动方向相反，因此，合成计算时应取"一"号。则

$$\Delta_D = \Delta_Y - \Delta_B = \frac{T_d}{2\sin\frac{\alpha}{2}} - \frac{T_d}{2} = \frac{T_d}{2}\left(\frac{1}{\sin\frac{\alpha}{2}} - 1\right)$$

（3）当工序尺寸标注为 A_3 时，工序基准是外圆柱面的上素线，定位基准是圆柱面的轴线，两者不重合，所以 $\Delta_B = T_d/2$。

此时，工序基准在定位基面上。当定位基面的直径由大变小时，定位基准朝下变动；当定位基准位置不动，定位基面直径由大变小时，工序基准也朝下变动。两者变动方向相同，因此，合成计算时应取"＋"号。则

$$\Delta_D = \Delta_Y + \Delta_B = \frac{T_d}{2\sin\frac{\alpha}{2}} + \frac{T_d}{2} = \frac{T_d}{2}\left(\frac{1}{\sin\frac{\alpha}{2}} + 1\right)$$

当 V 形块的工作角 α 取不同值时，定位误差的计算见表 2-12。

表 2-12　V 形块定位误差计算表

α	$\Delta_D(A_1)$	$\Delta_D(A_2)$	$\Delta_D(A_3)$
60°	T_d	$0.5T_d$	$1.5T_d$
90°	$0.707T_d$	$0.207T_d$	$1.207T_d$
120°	$0.577T_d$	$0.077T_d$	$1.077T_d$

由表 2-12 可知,在相同精度的 V 形块上定位,由于工序基准选择不同,定位误差也不等,即 $\Delta_D(A_2)<\Delta_D(A_1)<\Delta_D(A_3)$,因此,为便于保证轴类零件的键槽深度尺寸,工序基准宜选择以其下素线为基准;当工序基准相同时,V 形块的工作角 α 取不同值时,定位误差也不等,α 越大,定位误差越小,但同时工件定位的稳定性相应变差。

4. 工件以一面两孔组合定位

工件以一面两孔组合定位时,必须注意各定位元件对定位误差的综合影响。如图 2-57 所示,由于孔 O_1 与圆柱销存在最大配合间隙 X_{1max},孔 O_2 与菱形销存在最大配合间隙 X_{2max},因此会产生直线位移误差 Δ_{Y1} 和转角位移误差 Δ_{Y2}(简称转角误差),如图 2-57 所示,两者共同形成了基准位移误差 Δ_Y,即 $\Delta_Y=\Delta_{Y1}+\Delta_{Y2}$。

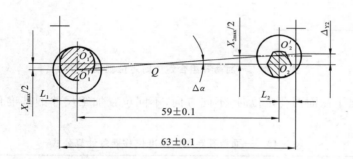

图 2-57　一面两孔组合定位的位移误差

因为 $X_{1max}<X_{2max}$,所以直线位移误差 Δ_{Y1} 受 X_{1max} 控制,由 X_{1max} 确定。当工件在外力作用下单向位移时,$\Delta_{Y1}=X_{1max}/2$;当工件可在任意方向位移时,$\Delta_{Y1}=X_{1max}$。

转角误差 Δ_{Y2} 应考虑最不利的情况并通过几何关系转换计算求得。

如图 2-58(a)所示,当工件在外力作用下两定位基准孔单向移动(孔与销间隙同方向)时,工件的定位基准 O_1'、O_2' 会出现变化,用 $\Delta\beta$ 表示两定位基准孔单向移动时两孔中心线连线的最大转角,此时

$$\tan\Delta\beta=\frac{O_2O_2'-O_1O_1'}{L}=\frac{X_{2max}-X_{1max}}{2L} \tag{2-9}$$

如图 2-58(b)所示,当工件可在任意方向移动时,且孔与销间隙反方向时,两定位基准孔连线有最大转角 $\Delta\alpha$,此时

$$\tan\Delta\alpha=\frac{O_1O_1'+O_2O_2'}{L}=\frac{X_{1max}+X_{2max}}{2L} \tag{2-10}$$

比较转角 $\pm\Delta\alpha$ 和 $\pm\Delta\beta$,取大的转角误差作为 Δ_Y。

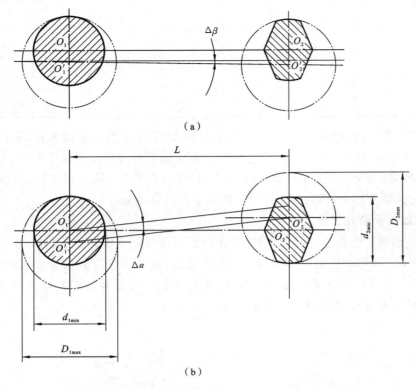

（a）

（b）

图 2-58　一面两孔组合定位时定位基准的移动

表 2-13 列出了一面两孔定位时，不同方向、不同位置加工尺寸的基准位移误差的计算公式。

表 2-13　一面两孔定位时基准位移误差计算公式

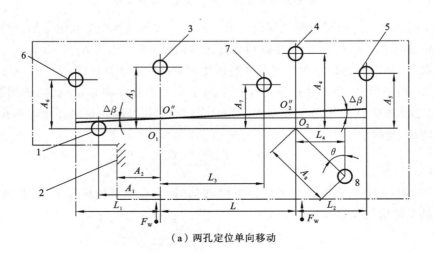

（a）两孔定位单向移动

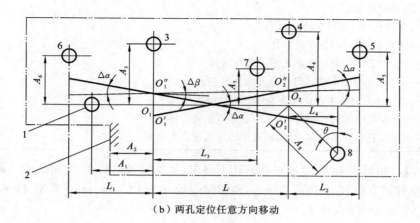

（b）两孔定位任意方向移动

加工尺寸的方向与位置	加工尺寸实例	两定位孔的移动方向	计算公式
加工尺寸与两定位孔连心线平行	A_1、A_2	单向、任意均可	$\Delta_Y = \Delta_{Y1} = X_{1max}$
加工尺寸与两定位孔连心线垂直，垂足为 O_1	A_3	单向	$\Delta_Y = \Delta_{Y1} = \dfrac{X_{1max}}{2}$
		任意	$\Delta_Y = \Delta_{Y1} = X_{1max}$
加工尺寸与两定位孔连心线垂直，垂足为 O_2	A_4	单向	$\Delta_Y = \Delta_{Y1} = \dfrac{X_{2max}}{2}$
		任意	$\Delta_Y = \Delta_{Y1} = X_{2max}$
加工尺寸与两定位孔连心线垂直，垂足为 O_1O_2 延长线上菱形销一边	A_5	单向	$\Delta_Y = \Delta_{Y1} + \Delta_{Y2} = \dfrac{X_{2max}}{2} + L_2\tan\Delta\beta$
		任意	$\Delta_Y = \Delta_{Y1} + \Delta_{Y2} = X_{2max} + 2L_2\tan\Delta\alpha$
加工尺寸与两定位孔连心线垂直，垂足为 O_1O_2 延长线上圆柱销一边	A_6	单向	$\Delta_Y = \Delta_{Y1} + \Delta_{Y2} = \dfrac{X_{1max}}{2} - L_1\tan\Delta\beta$
		任意	$\Delta_Y = \Delta_{Y1} + \Delta_{Y2} = X_{1max} + 2L_1\tan\Delta\alpha$
加工尺寸与两定位孔连心线垂直，垂足为 O_1 与 O_2 之间	A_7	单向	$\Delta_Y = \Delta_{Y1} + \Delta_{Y2} = \dfrac{X_{1max}}{2} + L_3\tan\Delta\beta$
		任意	$\Delta_Y = \Delta_{Y1} + \Delta_{Y2} = X_{1max} + 2L_3\tan\Delta\beta$
加工尺寸与两定位孔连心线垂线成一定夹角 θ	A_8	单向	$\Delta_Y = (\Delta_{Y1} + \Delta_{Y2})\cos\theta = \left(\dfrac{X_{2max}}{2} + L_4\tan\Delta\beta\right)\cos\theta$
		任意	$\Delta_Y = (\Delta_{Y1} + \Delta_{Y2})\cos\theta = (X_{2max} + 2L_4\tan\Delta\alpha)\cos\theta$

注：O_1——圆柱销的中心。

O_2——菱形销的中心。

O'_1、O''_1、O'_2、O''_2——工件定位孔的中心。

L——两定位孔的距离（基本尺寸）。

X_{1max}——定位孔与圆柱销之间的最大配合间隙。

X_{2max}——定位孔与菱形销之间的最大配合间隙。

θ——加工尺寸方向与两定位孔连心线的垂线的夹角。

$\Delta\beta$——两定位孔单方向移动时，两孔中心连线的最大转角。

$\Delta\alpha$——两定位孔任意方向移动时，两孔中心连线的最大转角。

【例 2-7】 如图 2-48 所示连杆盖钻孔工序图，加工时采用图 2-49 所示的一面两孔定位方式，已知圆柱销直径 $d_1 = 12_{-0.017}^{-0.006}$ mm，菱形销直径 $d_2 = 12_{-0.091}^{-0.08}$ mm。求对 $4 \times \phi 3$ mm 孔标注的有关工序尺寸的定位误差。

解 连杆盖本工序的加工尺寸较多，除了四孔的直径和深度外，还有（63±0.1）mm、（20± 0.1）mm、（31.5±0.2）mm 和（10±0.15）mm。其中，（63±0.1）mm 和（20±0.1）mm 没有定位误差，因为它们的大小主要取决于钻套间的距离，与工件定位无关；而（31.5±0.2）mm 和（10±0.15）mm 均受工件定位的影响，应对其分析计算定位误差。

（1）影响加工工序尺寸（31.5±0.2）mm 的定位误差。

对于工序尺寸（31.5±0.2）mm，由于定位基准与工序基准不重合，定位尺寸为（29.5±0.1）mm，所以 $\Delta_B = 0.2$ mm。由于尺寸（31.5±0.2）mm 的方向与两定位销连心线平行，根据表 2-13 得

$$\Delta_Y = X_{1max} = 0.027 \text{ mm} + 0.017 \text{ mm} = 0.044 \text{ mm}$$

同时，由于工序基准不在定位基面上，合成计算时取"＋"号，所以

$$\Delta_D = \Delta_Y + \Delta_B = 0.044 \text{ mm} + 0.2 \text{ mm} = 0.244 \text{ mm}$$

（2）影响加工尺寸（10±0.15）mm 的定位误差。

因为定位基准与工序基准重合，所以 $\Delta_B = 0$。由于定位基面与限位基面存在配合间隙，定位基准 O_1、O_2 可作任意方向的位移，加工位置在定位孔的外侧，如图 2-57 所示。

故根据式（2-10）得

$$\tan\Delta\alpha = \frac{X_{1max} + X_{2max}}{2L} = \frac{0.044 + 0.118}{2 \times 59} = 0.00138$$

由表 2-13 可知，左边两小孔的基准位移误差为

$$\Delta_{Y左} = X_{1max} + 2L_1 \tan\Delta\alpha = 0.044 \text{ mm} + 2 \times 2 \times 0.00138 \text{ mm} = 0.05 \text{ mm}$$

而右边两小孔的基准位移误差为

$$\Delta_{Y右} = X_{2max} + 2L_1 \tan\Delta\alpha = 0.118 \text{ mm} + 2 \times 2 \times 0.00138 \text{ mm} = 0.124 \text{ mm}$$

定位误差应取大值，故 $\Delta_D = \Delta_{Y右} = 0.124$ mm。

◀ 2.6　加工精度的影响因素 ▶

1. 影响零件加工精度的因素

用夹具装夹进行机械加工时，对加工精度（主要是定位尺寸精度和位置精度）的影响，除

了定位误差 Δ_D 外,整个加工工艺系统中影响因素还有很多,如图 2-59 所示。

(1) 定位误差 Δ_D。定位误差反映了工件和定位元件之间的关系。

(2) 对刀误差 Δ_T。因对刀时刀具相对于对刀块或导向元件的位置不精确而造成的加工误差,称为对刀误差。Δ_T 反映了刀具和对刀(导向)元件之间的关系。

(3) 安装误差 Δ_A。因夹具上连接元件在机床的位置不精确而造成的加工误差,称为夹具的安装误差。Δ_A 反映了机床(如工作台 T 形槽)和夹具的连接元件之间的关系。若安装基面为平面,就没有安装误差,$\Delta_A = 0$。

(4) 夹具误差 Δ_J。因夹具上定位元件、对刀或导向元件及安装基面三者间的位置不精确而造成的加工误差,称为夹具误差。夹具误差的大小取决于夹具零件的加工精度和夹具装配时的调整与修配精度。Δ_J 反映了定位元件、对刀或导向元件及安装基面三者间的关系。

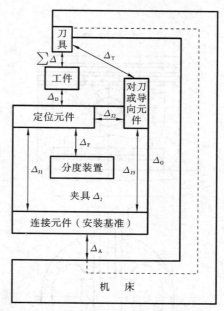

图 2-59 夹具中装夹加工时影响加工精度的主要因素

(5) 加工过程误差 Δ_G。因机床精度、刀具精度、刀具相对机床的位置精度、工艺系统的受力变形和受热变形等因素造成的加工误差,统称为加工过程误差。因该项误差影响因素多,又不便于计算,所以在设计夹具时常根据经验取为工件加工工序尺寸公差的 $1/3$,即 $\Delta_G = T_i/3$。

上述各项误差均导致刀具相对工件的位置不准确,而形成总加工误差 $\sum \Delta$。

2. 保证零件加工精度的条件

工件在夹具中加工时,总加工误差 $\sum \Delta$ 为上述各项误差之和。由于上述误差均为独立随机变量,应用概率法叠加。因此,保证工件加工精度的条件是

$$\sum \Delta = \sqrt{(\Delta_D)^2 + (\Delta_T)^2 + (\Delta_A)^2 + (\Delta_J)^2 + (\Delta_G)^2} \leqslant T_i \qquad (2\text{-}11)$$

即工件的总加工误差 $\sum \Delta$ 应不大于工件的加工工序尺寸公差 T_i。

为保证夹具有一定的使用寿命,防止夹具因磨损而过早报废,在分析计算工件加工精度时,需留出一定的精度储备量 J_C。因此将上式改写为

$$\sum \Delta \leqslant T_i - J_C$$

或
$$J_C = T_i - \sum \Delta \geqslant 0 \qquad (2\text{-}12)$$

当 $J_C \geqslant 0$ 时,夹具能满足工件的加工要求。J_C 值的大小还表示了夹具使用寿命的长短和夹具总图上各项公差和计算要求确定得是否合理。

◀ 2.7 工件定位方案设计 ▶

1. 工件定位方案设计的基本原则

为满足夹具设计的要求,工件定位方案设计时应遵循以下三项原则。

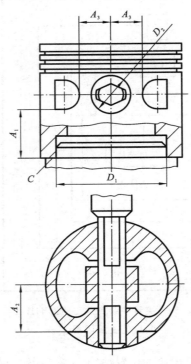

图 2-60 活塞铣槽工序的定位方案

（1）基准重合原则。定位基准与工件基准应尽量重合，以消除基准不重合误差。但有时考虑到夹具整体结构、受力状态等实际情况，定位基准也可以不选用工序基准。

（2）合理选择主要定位基准。主要定位基准应有较大的支承面，较高的加工制造精度。

（3）装夹方便。定位方案应便于工件的装卸和加工，并使夹具的整体结构简单。

如图 2-60 所示为活塞铣槽的定位设计。本工序的工序尺寸有 A_1、A_2、A_3，用圆柱销和菱形插销定位，定位基准与工序基准重合，符合基准重合原则，主要定位基准为端平面 C。

2. 工件定位方案设计的步骤

工件定位方案的设计可参照如下步骤进行，并根据具体情况实时修正。

（1）根据加工要求分析工件应该限制的自由度。

（2）选择定位基准并确定定位方式。

（3）选择定位元件结构。

（4）分析计算定位误差并审核定位精度。

（5）绘图。

3. 工件定位方案设计实例

【例 2-8】 如图 2-61 所示为拨叉的钻孔工序简图。本工序是钻削螺孔 M10 mm 的 $\phi8.9$ mm 小径孔，其孔位相对于 C 面的距离为（31.7±0.15）mm，相对于孔 $\phi19^{+0.045}_{0}$ mm 轴

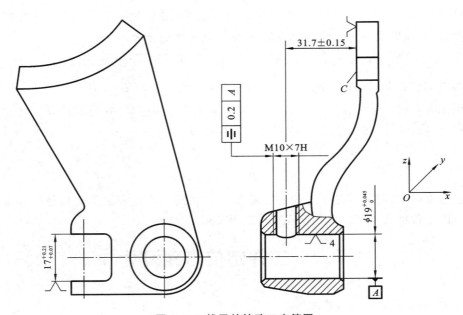

图 2-61 拨叉的钻孔工序简图

线的对称度公差为 0.2 mm。所用机床为 Z525 立式钻床。试设计其定位方案。

解 定位方案设计的步骤如下：

（1）分析与加工要求有关的自由度。

逐一对与加工要求有关的自由度进行分析。其中，与对称度公差 0.2 mm 有关的自由度为 $\vec{y}$、$\hat{z}$；与工序尺寸（31.7±0.15）mm 有关的自由度为 $\vec{x}$、$\vec{y}$、$\vec{z}$；与相对槽 $17^{+0.21}_{+0.07}$ mm 位置有关的自由度为 $\hat{x}$。综上所述，与加工要求直接有关的自由度为 $\vec{x}$、$\vec{y}$、$\vec{z}$、$\hat{x}$、$\hat{z}$ 5 个。

（2）选择定位基准并确定定位方式。

按基准重合原则选择孔 $\phi19^{+0.045}_{0}$ mm、槽 $17^{+0.21}_{+0.07}$ mm 和平面 C 作为定位基准。其中孔 $\phi19^{+0.045}_{0}$ mm 作为主要定位基准。定位支承点分布如图 2-61 所示。在基准孔 $\phi19^{+0.045}_{0}$ mm 处设置 4 个定位支承点，限制工件的 $\vec{y}$、$\vec{z}$、$\hat{y}$、$\hat{z}$ 这 4 个自由度；C 面布置 1 个定位支撑点，限制工件的移动自由度 $\vec{x}$；槽 $17^{+0.21}_{+0.07}$ mm 处设置 1 个定位支撑点，限制工件的转动自由度 $\hat{x}$。因此，本工序加工工件定位采用的是完全定位方式。

（3）选择定位元件结构。

对孔 $\phi19^{+0.045}_{0}$ mm 采用定位心轴定位，其定位基面尺寸公差带取为 $\phi19h7$；对槽 $17^{+0.21}_{+0.07}$ mm 采用定位销定位；C 面采用平头支承钉定位。各定位元件的结构和布置如图 2-62 所示。在结构设计时应注意协调定位元件与夹具其他元件的关系，特别要注意定位元件在夹具体上的位置。

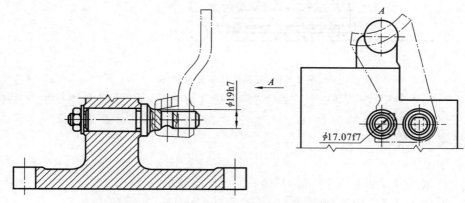

图 2-62 拔叉钻孔工序各定位元件的结构和布置

（4）分析计算定位误差并审核定位精度。

对对称度公差 0.2 mm：由于 $\Delta_B = 0$，所以 $\Delta_D = \Delta_Y = 0.045 + 0.021$ mm $= 0.066$ mm。

对工序尺寸（31.7±0.15）mm：由于 $\Delta_B = 0$，$\Delta_Y = 0$，所以 $\Delta_D = 0$。

（5）绘制工件定位方案总体图。

按工件所在的加工方位，先用双点划线绘制工件轮廓，作为设计的模样，然后用粗实线绘制定位元件，确定定位元件的类型、尺寸、空间位置，使定位元件限位面与工件的定位基面相作用形成定位副关系。

以上步骤是工件定位方案设计的一般程序。在实际工作中，其顺序是可交叉的。同时，在夹具总体设计的过程中，各部分的设计是不断完善的。图 2-63 所示为拔叉钻孔夹具的总体结构，它还包括了刀具引导元件、夹紧机构和夹具体等其他夹具结构部分。

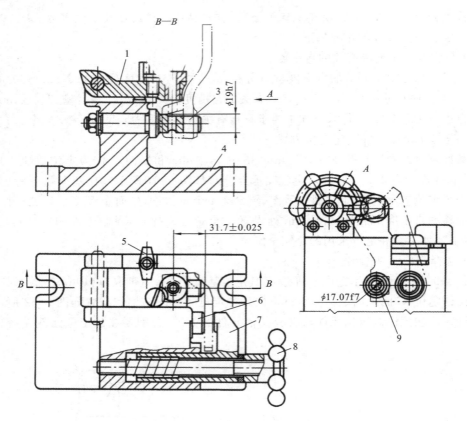

图 2-63　拔叉钻孔夹具总装图

1—钻模板；2—钻套；3—定位轴；4—夹具体；5—锁紧螺钉；6—支承钉；7—钩形压板；8—螺母；9—定位销

 思考与练习

2-1　什么是定位基准,它与定位基面有何区别与联系?

2-2　定位与夹紧有何区别?

2-3　什么叫六点定位原则?

2-4　什么叫完全定位、不完全定位、欠定位和过定位? 为什么不能采用欠定位? 试举例说明。

2-5　简述允许不完全定位的几种情况。

2-6　工件在夹具中装夹,凡不超过 6 个定位支承点,就不会出现过定位。这种说法对吗? 为什么?

2-7　简述辅助支承的作用和使用特点?

2-8　图 2-64 所示为镗削连杆小头孔工序定位简图。定位时在连杆小头孔插入削边定位插销,夹紧后,拔出削边定位插销,就可镗削小孔。试分析各个定位元件所限制的自由度。

2-9　试分析如图 2-65 所示各定位方案中:① 各定位元件限制的自由度;② 判断有无过定位;③ 对不合理的定位方案提出改进意见。

2-10　试分析如图 2-66 所示各工件加工中必须限制的自由度。

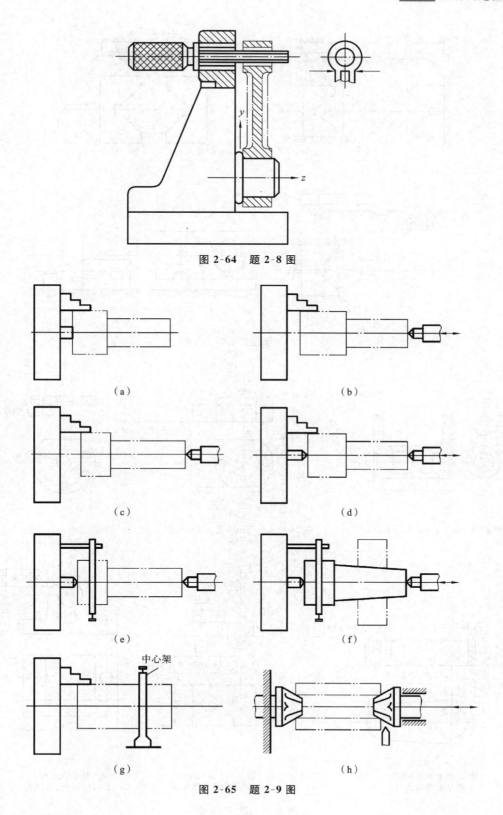

图 2-64 题 2-8 图

（a）

（b）

（c）

（d）

（e）

（f）

中心架

（g）

（h）

图 2-65 题 2-9 图

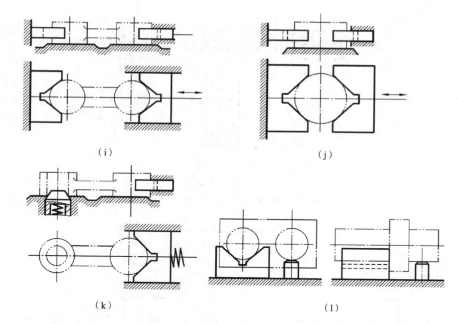

（i） （j）

（k） （l）

续图 2-65

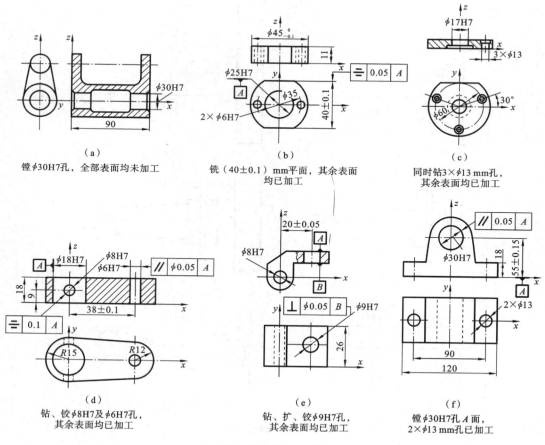

（a）

镗ϕ30H7孔，全部表面均未加工

（b）

铣（40±0.1）mm平面，其余表面
均已加工

（c）

同时钻3×ϕ13 mm孔，
其余表面均已加工

（d）

钻、铰ϕ8H7及ϕ6H7孔，
其余表面均已加工

（e）

钻、扩、铰ϕ9H7孔，
其余表面均已加工

（f）

镗ϕ30H7孔及A面，
2×ϕ13 mm孔已加工

图 2-66 题 2-10 图

2-11 图 2-67(a)所示为齿轮坯的加工要求,按图 2-67(b)所示以内孔和一小端面定位,车削外圆和大端面。加工后检测发现大端面与内孔垂直度超差,试分析原因,提出改进意见。

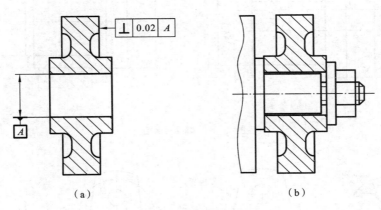

（a） （b）

图 2-67 题 2-11 图

2-12 用如图 2-68 所示的定位方式,采用调整法铣削连杆的两个侧面。试计算对加工工序尺寸 $12^{+0.3}_{0}$ mm 的定位误差。

2-13 用如图 2-69 所示的定位方式,采用调整法在阶梯轴上铣槽,V 形块的 V 形角 α = 90°。试计算对加工工序尺寸(74±0.1) mm 的定位误差。

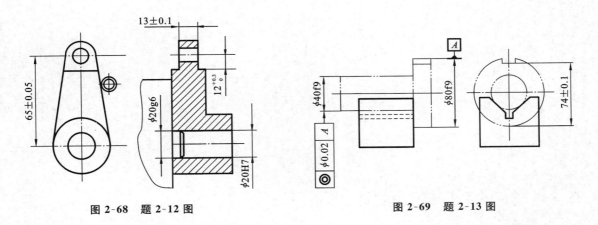

图 2-68 题 2-12 图 图 2-69 题 2-13 图

2-14 工件尺寸如图 2-70(a)所示,$\phi40^{0}_{-0.03}$ mm 与 $\phi35^{0}_{-0.02}$ mm 的同轴度误差为 $\phi0.02$ mm。欲钻孔 O,并保证尺寸 $30^{0}_{-0.1}$ mm。试计算如图 2-70(b)所示定位方案的定位误差。

2-15 有一批工件,如图 2-71(a)所示,采用钻模夹具钻削工件上 $\phi5$ mm 和 $\phi8$ mm 两孔,除保证图纸尺寸要求外,还要求保证两孔连心线通过轴 $\phi60^{0}_{-0.1}$ mm 的轴线,其偏移量允差为0.08 mm。现采用如图 2-71(b)～图 2-71(d)三种定位方案,若定位误差不得大于加工工序尺寸公差的 1/2。试问这三种定位方案是否都可行(α＝90°)。

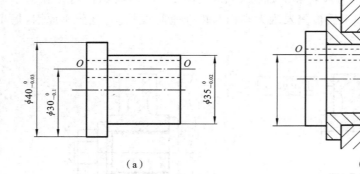

（a）　　　　　　　　　　　（b）

图 2-70　题 2-14 图

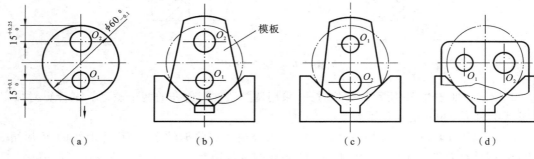

（a）　　　　　（b）　　　　　（c）　　　　　（d）

图 2-71　题 2-15 图

第3章
工件的夹紧

◀ **知识目标**

（1）了解夹紧装置的组成和基本要求。

（2）掌握夹紧力的确定方法。

（3）认识基本夹紧机构、定心夹紧机构和联动夹紧机构。

（4）了解夹紧的动力装置。

◀ **能力目标**

（1）能分析和确定夹紧力的方向和作用点，设计合理的工件夹紧方案。

（2）能设计基本夹紧机构、简易的定心夹紧机构和联动夹紧机构。

◀ 3.1 夹紧装置的组成和要求 ▶

一、夹紧装置的组成

在机械加工过程中，工件受到切削力、重力、离心力、惯性力等作用，为了保证在这些外力作用下，工件仍能在夹具中保持已由定位元件确定的正确加工位置，而不致发生振动或位移，应在夹具结构中设置夹紧装置将工件可靠压紧夹牢。

工件定位后，将工件固定并使其在加工过程中保持定位位置不变的装置，称为夹紧装置。夹紧装置也是一副夹具的主要组成部分。

夹紧装置的种类很多，分为手动夹紧和机动夹紧两类，如图 3-1 所示，其结构上均由以下两个部分组成。

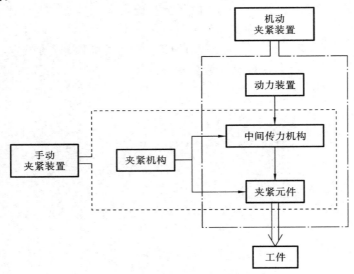

图 3-1 夹紧装置组成

（1）动力装置——产生夹紧力。

机械加工过程中，要保证工件不离开正确位置，就必须有足够的夹紧力来平衡加工中对工件的切削力、惯性力、重力等力的作用。夹紧力的来源，一是靠人力，二是靠某种动力装置。常用的动力装置有液压装置、气压装置、电磁装置、电动装置、气液联动装置和真空装置等。

（2）夹紧机构——传递和施加夹紧力。

要使动力装置产生的力或人力正确地作用到工件上，需有适当的传递力并施加力的机构。这种在工件夹紧过程中起力的传递作用并最终将力施于工件上的机构称为夹紧机构。

夹紧机构在传递力的过程中，能根据需要改变力的大小、方向和作用点。手动夹具的夹紧机构还应具有良好的自锁性能，以保证人力的作用停止后，仍能可靠地夹紧工件。

图 3-2 是液压夹紧的铣床夹具。其中，液压缸 4、活塞 5、活塞杆 3 等组成了液压动力装置，铰链臂 2 和压板 1 等组成了铰链压板夹紧机构。

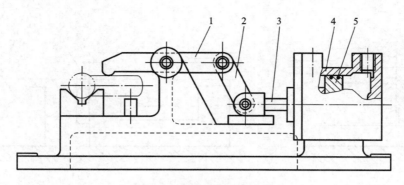

图 3-2　液压夹紧铣床夹具

1—压板；2—铰链臂；3—活塞杆；4—液压缸；5—活塞

二、对夹紧装置的基本要求

夹紧装置设计的好坏不仅关系工件的加工质量，而且对提高生产率、降低成本以及创造良好的工作条件等方面都有很大的影响，所以设计的夹紧装置应满足以下基本要求。

（1）夹紧过程中，不改变工件定位后占据的正确位置。

（2）夹紧力的大小适当，一批工件的夹紧力要稳定。既要保证工件在整个加工过程中的位置稳定不变，振动小，又要使工件不产生过大的夹紧变形。

（3）夹紧装置的自动化和复杂程度应与工件的生产纲领相适应。生产批量大时，为提高效率允许设计较复杂的夹紧装置。

（4）工艺性好，使用性好。夹紧装置的结构应力求简单，便于制造和维修。夹紧装置的操作应当方便、安全、省力。

（5）能够实现自锁。对靠人力夹紧的机床夹具来说，在原始夹紧力去除后应能保持对工件的正常夹紧（机械自锁），防止出现事故。

◀ 3.2　夹紧力的确定 ▶

确定夹紧力的方向、作用点和大小时，要分析工件的结构特点、加工要求、切削力和其他外力作用于工件的情况，以及定位元件的结构和布置方式。

一、夹紧力的方向

（1）夹紧力应朝向主要限位面，有助于定位稳定。

如图 3-3（a）所示，工件上镗孔与左端面有一定的垂直度要求，因此，工件以孔的左端面与定位元件的 A 面接触，限制 3 个自由度，以底面与 B 面接触，限制 2 个自由度。夹紧力朝向主要限位面 A，这样做，有利于保证孔与左端面的垂直度要求。如果夹紧力改为朝向面 B，则由于工件左端面与底面的夹角误差，夹紧时将破坏工件的定位，影响孔与左端面的垂直度要求。

再如图 3-3（b）所示，夹紧力朝向主要限位面——V 形块的工作面，使工件的装夹稳定可靠。如果夹紧力改为朝向 V 形块的右端面 B，则由于工件圆柱面与端面的垂直度误差，夹

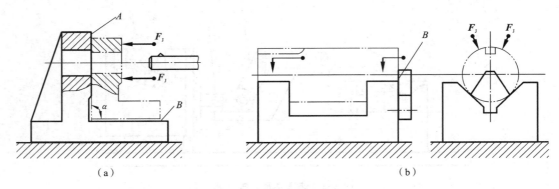

图 3-3　夹紧力朝向主要限位面

紧时，工件的圆柱面可能部分离开 V 形块的工作表面。这样不仅破坏了工件要求的定位，影响加工精度，而且加工时工件容易产生振动。

对工件施加几个方向不同的夹紧力时，朝向主要限位面的夹紧力应是主要夹紧力。

（2）夹紧力的方向应有利于减小夹紧力。图 3-4 所示为工件在夹具中加工时常见的几种受力情况。

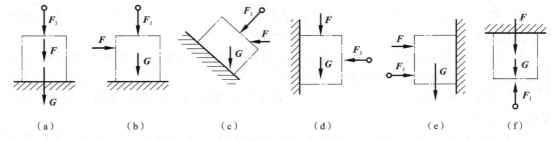

（a）　　　（b）　　　（c）　　　（d）　　　（e）　　　（f）

图 3-4　工件在夹具中加工时常见的受力情况

在图 3-4(a)所示情形中，夹紧力 F_J、切削力 F 和重力 G 同方向，均实现了对工件夹紧的效果，所需的夹紧力最小，图 3-4(d)所示的情形需要由夹紧力产生的摩擦力来克服切削力和重力，故需要的夹紧力最大。

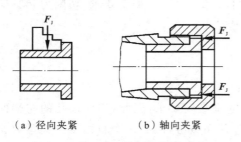

（a）径向夹紧　　（b）轴向夹紧

图 3-5　确定薄壁套的夹紧力方向

实际生产中，满足 F_J、F 及 G 同向的夹紧机构并不多，故在设计机床夹具的夹紧方案时要根据各种因素综合分析，合理选择。

（3）夹紧力应该朝向工件刚度较高的方向。如图 3-5 所示，薄壁套的轴向刚性比径向好，所以，若用卡爪对工件实施径向夹紧，如图 3-5(a)所示，工件变形大，但若沿轴向施加夹紧力，如图 3-5(b)所示，工件变形就会小得多，是较合理、正确的选择。

二、夹紧力的作用点

夹紧力方向确定以后应根据下列原则确定夹紧力作用点的位置。

（1）夹紧力的作用点应落在定位元件的支承范围内。夹紧力的作用点应正对支承元件或位于支承元件所形成的支承面范围之内。

如图 3-6 所示,夹紧力的作用点落到了定位元件的支承范围之外,夹紧时将破坏工件的正确定位,因而是错误的。

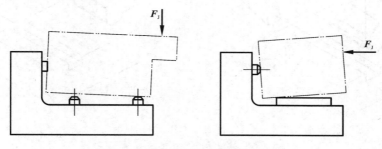

图 3-6 夹紧力作用点的位置不正确

(2) 夹紧力的作用点应落在工件刚性较好的部位。这一原则对刚性差的工件特别重要。

如图 3-7(a)所示薄壁箱体,夹紧力作用点不应落在箱体的顶面,而应作用在刚性好的凸边上。当箱体没有凸边时,如图 3-7(b)所示,应将单点夹紧改为三点夹紧,使作用点落在刚性较好的箱壁支承范围,减小工件的夹紧变形。

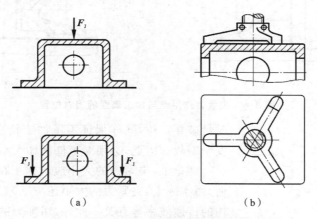

(a)   (b)

图 3-7 夹紧力作用点与夹紧变形的关系

(3) 夹紧力作用点应靠近工件的加工表面。夹紧力的作用点应靠近工件的加工部位,以减小切削力对夹紧力作用点的力矩并能减小加工过程中的振动。

如图 3-8 所示,因 $M_1 < M_2$,故在切削力大小相同的条件下,图 3-8(a)和图 3-8(c)所示情形所需的夹紧力较小。

如图 3-9 所示,在拨叉零件上铣槽工序。当夹紧力的作用点只能远离加工表面,造成工件的装夹刚度较差时,应在加工表面附近设置辅助支承并施加辅助夹紧力 F_j',这样,不仅能提高工件的装夹刚性,还可减少铣削加工时造成的工件振动。

三、夹紧力的大小

对工件的夹紧力既不能过大也不能过小。夹紧力过大,会引起工件变形,达不到加工精度要求,而且使夹紧装置结构尺寸加大,造成结构不紧凑;夹紧力过小,会造成夹不牢,加工

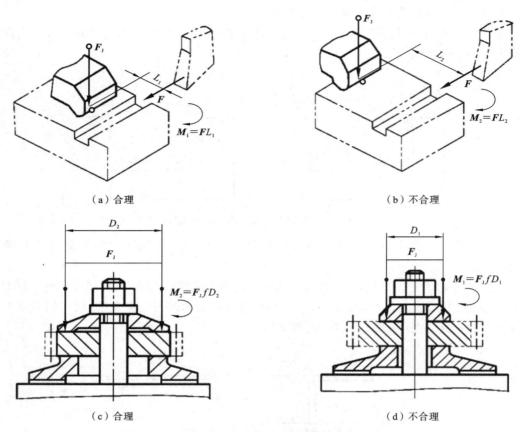

（a）合理   （b）不合理

（c）合理   （d）不合理

图 3-8   夹紧力作用点与加工表面的相对位置

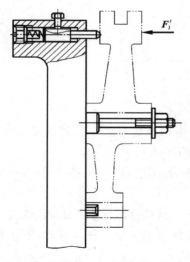

图 3-9   增设辅助支承和辅助夹紧

时易破坏定位,同样保证不了加工精度要求,甚至会引起安全事故。因此,必须对工件施加大小适当的夹紧力。

理论上,夹紧力的大小应与作用在工件上的其他力平衡,而实际上,夹紧力的大小还与工艺系统的刚性、夹紧机构的传递效率等有关。此外,切削力的大小在加工过程中是变化的,因此,夹紧力的计算很复杂,只能进行粗略的估算。

估算时,为简化计算,通常将夹具和工件看成一个刚体。根据工件所受切削力、夹紧力(大型工件应考虑重力、惯性力等)的作用情况,找出对夹紧最不利的瞬时受力状态,估算此状态下所需的夹紧力,并只考虑主要因素在力系中的影响,略去次要因素在力系中的影响。估算步骤如下。

（1）建立理论夹紧力 $F_{J理论}$ 与主要最大切削力 F_P 的静平衡方程: $F_{J理论} = \phi(F_P)$;

（2）实际需要的夹紧力 $F_{J需要}$ 应考虑安全系数 K,即 $F_{J需要} = KF_{J理论}$;

（3）校核夹紧机构产生的夹紧力 F_J 是否满足条件: $F_J > F_{J需要}$ 。

安全系数是综合考虑各种因素的结果,可按式 $K=K_0K_1K_2K_3$ 计算。

各种因素的安全系数如表 3-1 所示。

表 3-1　各种因素的安全系数

考虑因素		安全系数值
基本安全系数 K_0(考虑工件的材料、余量是否均匀)		1.2~1.5
加工性质系数 K_1	粗加工	1.2
	精加工	1.0
刀具钝化系数 K_2		1.1~1.3
切削特点系数 K_3	连续加工	1.0
	断续加工	1.2

通常情况下,取 $K=1.5\sim2.5$。当夹紧力方向与切削力方向相反时,取 $K=2.5\sim3$。

【例 3-1】　图 3-10 所示为铣削加工长方体工件顶面示意图,试估算所需的夹紧力大小。

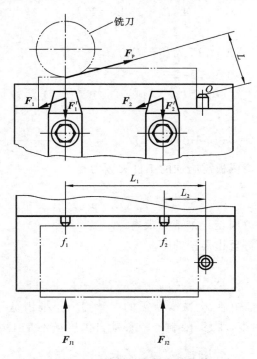

图 3-10　铣削时夹紧力的估算

解　小型工件的工件重力略去不计。活动压板对工件的摩擦力也略去不计。

(1) 不设置止推销。

若不设置止推销,对夹紧最不利的瞬时状态是铣刀切入全深、切削力 F_P 达到最大时,工件可能沿 F_P 的方向移动,需用夹紧力 F_{J1}、F_{J2} 产生的摩擦力 F_1、F_2 与之平衡,建立力的静平衡方程:

$$F_1+F_2=F_P$$

即

$$F_{J1} f_1 + F_{J2} f_2 = F_P$$

设

$$F_{J1} = F_{J2} = F_{J理论}, \quad f_1 = f_2 = f$$

则

$$2f F_{J理论} = F_P, \quad F_{J理论} = \frac{F_P}{2f}$$

考虑安全系数 K，每块压板需施加的工件夹紧力为

$$F_{J需要1} = \frac{K F_P}{2f} \tag{3-1}$$

式中：f——工件与定位元件间的摩擦系数。

（2）设置止推销。

若设置止推销，如图 3-10 所示，工件不可能向右移动了，对夹紧最不利的瞬时状态是铣刀切入全深、切削力 F_P 达到最大时，工件绕 O 点转动，形成切削力矩 $F_P L$，需用夹紧力 F_{J1}、F_{J2} 产生的摩擦力矩 $F_1' L_1$、$F_2' L_2$ 与之平衡，建立力的静平衡方程：

$$F_1' L_1 + F_2' L_2 = F_P L$$

即

$$F_{J1} f_1 L_1 + F_{J2} f_2 L_2 = F_P L$$

设

$$F_{J1} = F_{J2} = F_{J理论}, \quad f_1 = f_2 = f$$

则

$$F_{J理论} f(L_1 + L_2) = F_P L, \quad F_{J理论} = \frac{F_P L}{f(L_1 + L_2)}$$

考虑安全系数 K，每块压板需施加的工件夹紧力是

$$F_{J需要2} = \frac{K F_P L}{f(L_1 + L_2)} \tag{3-2}$$

式中 L——切削力作用方向至止推销的距离；

L_1、L_2——两支承钉至止推销的距离。

式（3-2）除以式（3-1），得

$$F_{J需要2}/F_{J需要1} = 2L/(L_1 + L_2) < 1$$

由上式可知，设置止推销后，会减少所需的夹紧力。止推销是一个定位元件，它限制了工件水平方向的移动自由度，注意，限制这一移动自由度虽不是工序加工精度所必需的，但能减少所需要的夹紧力。

【例 3-2】 图 3-11 所示为车削加工工件的外圆，求车削时需要的夹紧力大小。

解 工件用自定心卡盘夹紧，车削时受切削分力 F_z、F_x、F_y 的作用。主切削力 F_z 形成的切削扭矩大小为 $\frac{1}{2} F_z d$，有使工件相对卡盘做顺时针转动的趋势。此影响由夹紧力与工件间的摩擦力矩平衡。

为简化计算，工件较短时可只考虑切削扭矩的影响。根据静力平衡条件并考虑安全系数，每一个卡爪实际需要输出的夹紧力 F_J 可计算如下：

$$3f F_J \cdot \frac{d}{2} = F_z \cdot \frac{d_0}{2}$$

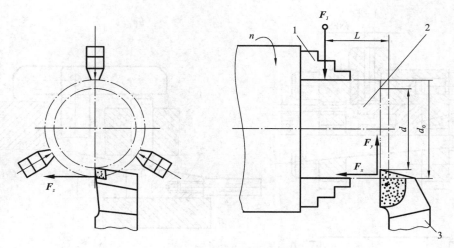

图 3-11 车削加工外圆
1—自定心卡盘;2—工件;3—车刀

由于 $d \approx d_0$,有 $\boldsymbol{F}_{J理论} = F_z/(3f)$,考虑安全系数 K,每一个卡爪需施给工件的夹紧力为

$$F_{J需要} = KF_z/(3f)$$

各种装夹方式所需夹紧力的近似计算公式见机床夹具设计手册。

◀ 3.3 基本夹紧机构 ▶

夹紧机构是夹紧装置的主要组成部分,其种类很多,结构多种多样,但大都是由一些斜面、螺旋、杠杆等简单元件和相应的一些中间传力机构组成。夹具中常用的基本夹紧机构有下列四种:斜楔夹紧机构、螺旋夹紧机构、偏心夹紧机构和铰链夹紧机构。

一、斜楔夹紧机构

图 3-12 所示为几种常用斜楔夹紧机构。图 3-12(a)所示是在工件上钻互相垂直的 $\phi 8$ mm 和 $\phi 5$ mm 两个孔。工件装入后,锤击斜楔大头,夹紧工件。加工完毕后,锤击斜楔小头,松开工件。由于用斜楔直接夹紧工件的夹紧力较小、操作费时,因此实际生产中应用不多,多数情况下是将斜楔与其他机构联合起来使用。图 3-12(b)所示是斜楔与滑柱组合成的一种夹紧机构,一般用气压或液压驱动。图 3-12(c)所示是端面斜楔与压板组合成的夹紧机构。

1. 斜楔的夹紧力

图 3-13(a)所示是在外力 $\boldsymbol{F}_Q$ 作用下斜楔的受力情况。建立静平衡方程式:

$$F_1 + F_{Rx} = F_Q$$

而

$$F_1 = F_J \tan\varphi_1, \quad F_{Rx} = F_J \tan(\alpha + \varphi_2)$$

所以

$$F_J = \frac{F_Q}{\tan\varphi_1 + \tan(\alpha + \varphi_2)} \tag{3-3}$$

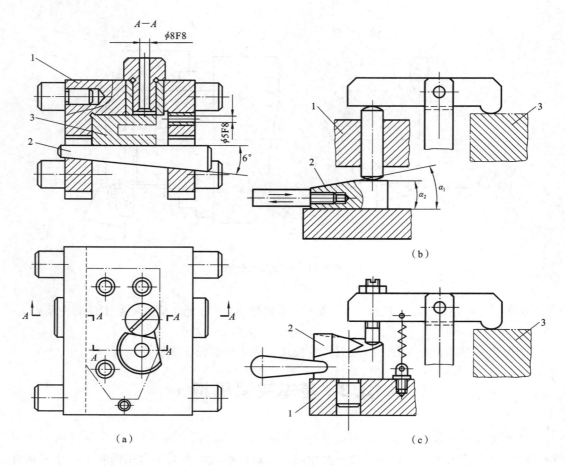

图 3-12　斜楔夹紧机构

1—夹具体；2—斜楔；3—工件

式中：F_J——斜楔对工件的夹紧力（N）；

　　　α——斜楔升角（°）；

　　　F_Q——加在斜楔上的作用力（N）；

　　　φ_1——斜楔与工件间的摩擦角（°）；

　　　φ_2——斜楔与夹具体间的摩擦角（°）。

设 $\varphi_1 = \varphi_2 = \varphi$，由于 α 一般很小（$\alpha \leqslant 10°$），可用下式作近似计算：

$$F_J = \frac{F_Q}{\tan(\alpha + 2\varphi)} \tag{3-4}$$

2. 斜楔的自锁条件

图 3-13(b)所示是作用力 $\boldsymbol{F}_Q$ 撤去后斜楔的受力情况。从图中可以看出，要自锁必须满足：

$$F_1 > F_{Rx}$$

因为

$$F_1 = F_J \tan\varphi_1, \quad F_{Rx} = F_J \tan(\alpha - \varphi_2)$$

所以

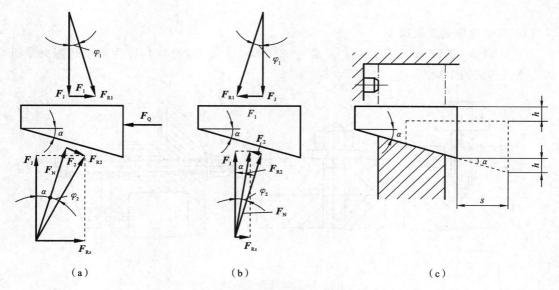

图 3-13 斜楔受力分析及行程

$$F_J \tan\varphi_1 > F_J \tan(\alpha - \varphi_2), \quad \tan\varphi_1 > \tan(\alpha - \varphi_2)$$

由于 φ_1、φ_2、α 都很小,上式可简化为

$$\varphi_1 > \alpha - \varphi_2 \quad 或 \quad \alpha < \varphi_1 + \varphi_2 \tag{3-5}$$

因此,斜楔夹紧实现自锁的条件是:斜楔的升角 α 小于斜楔与工件、斜楔与夹具体之间的摩擦角之和。

为保证自锁可靠,手动夹紧机构一般取 $\alpha = 6° \sim 8°$,气压或液压装置驱动的斜楔夹紧机构可不需要机械自锁,此时,可取 $\alpha = 15° \sim 30°$,以提高夹紧作用的速度。

3. 斜楔的扩力比与夹紧行程

施加在工件上的夹紧力与操作夹紧的原始作用力之比称为扩力比或增力系数,用 i 表示。i 的大小为夹紧机构在传递力的过程中扩大原始作用力的倍数。

因此,斜楔的扩力比为

$$i = \frac{F_J}{F_Q} = \frac{1}{\tan\varphi_1 + \tan(\alpha + \varphi_2)} \tag{3-6}$$

在图 3-13(c)中,h 是斜楔的夹紧行程,s 是斜楔夹紧过程中移动的距离。

$$h = s \tan\alpha \tag{3-7}$$

由于 s 受斜楔长度的限制,要增大夹紧行程,就得增大斜角 α,而斜角太大,便不能实现机械自锁。当要求夹紧机构既能实现机械自锁,又有较大的夹紧行程时,可采用双斜面斜楔,如图 3-12(b)所示,斜楔上大斜角的一段使滑柱迅速上升,小斜角的一段确保实现机械自锁。

二、螺旋夹紧机构

由螺钉、螺母、垫圈、压板等元件组成的夹紧机构,称为螺旋夹紧机构,如图 3-14 所示。螺旋夹紧机构结构简单、容易制造,由于缠绕在螺钉表面的螺旋线很长,升角又小,因此螺旋夹紧机构的自锁性能好,夹紧力和夹紧行程都较大,是手动夹紧机构中使用最多的一种夹紧机构。

1. 单个螺旋夹紧机构

图 3-14(a)、3-14(b)所示是用螺钉或螺母夹紧工件的机构,称为单个螺旋夹紧机构。该机构有两个缺点:

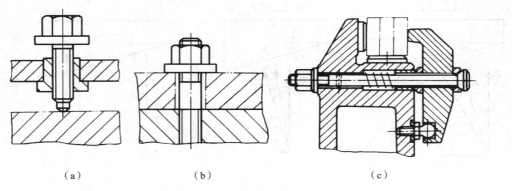

(a)   (b)   (c)

图 3-14 螺旋夹紧机构

一是损伤工件表面,或带动工件旋转。在图 3-14(a)中,螺钉头直接与工件表面接触。当螺钉转动时,可能损伤工件表面,或带动工件旋转。克服这一缺点的办法是在螺钉头部装上如图 3-15 所示的槽面压块。当槽面压块与工件接触后,由于压块与工件间的摩擦力矩大于压块与螺钉间的摩擦力矩,压块不会随螺钉一起转动。如图 3-15(a)、3-15(b)所示,A 型压块的端面是光滑的,用于夹紧已加工表面;B 型压块的端面有齿纹,用于夹紧毛坯面。当要求螺钉只移动不转动时,可采用图 3-15(c)所示的槽面压块。

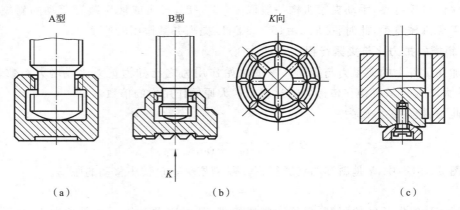

(a)   (b)   (c)

图 3-15 槽面压块

二是夹紧动作慢、工件装卸费时。如图 3-14(b)所示,装卸工件时,要将螺母拧上拧下,费时费力。克服这一缺点的办法很多,图 3-16 所示是常见的几种快速螺旋夹紧机构。图 3-16(a)使用了开口垫圈;图 3-16(b)所示机构中,夹紧轴 1 上的直槽连着螺旋槽,先推动手柄 2,使槽面压块迅速靠近工件,继而转动手柄,夹紧工件并实现自锁;图 3-16(c)采用了快卸螺母;图 3-16(d)所示机构中的手柄 4 带动螺母旋转时,因手柄 5 的限制,螺母不能右移,致使螺杆带着槽面压块 3 左移,从而夹紧工件,松开时只要反转手柄 4,稍微松开后,即可转动手柄 5,为手柄 4 的快速右移让出了空间。

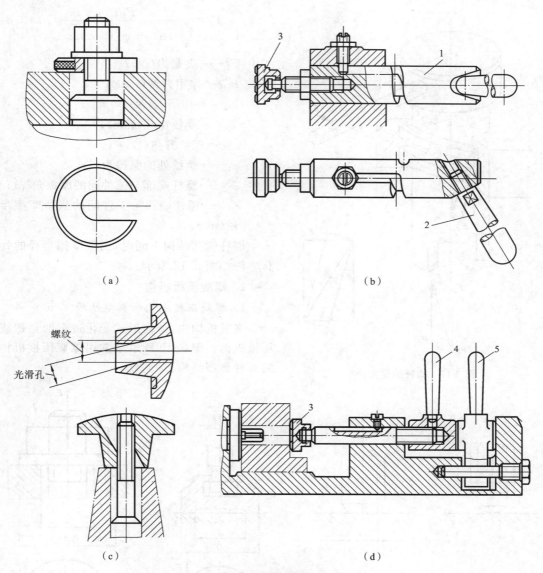

（a）　　　　　　　　　　　（b）

（c）　　　　　　　　　　　（d）

图 3-16　快速螺旋夹紧机构
1—夹紧轴；2、4、5—手柄；3—槽面压块

　　由于螺旋可以看作是绕在圆柱体上的斜楔，因此，螺钉（或螺母）夹紧力的计算与斜楔相似。图 3-17 是夹紧状态下螺杆的受力情况。施加在手柄上的原始力矩 $M=F_QL$，工件对螺杆产生反作用力 F_J'（其值等于夹紧力）和摩擦力 F_2。F_2 分布在整个接触面上，计算时可视为集中在半径为 r' 的圆周上。r' 称为当量摩擦半径，它与端面接触形式有关。螺母对螺杆的反作用力有垂直于螺旋面的正压力 F_N 和螺旋上的摩擦力 F_1，其合力为 F_{R1}，分布在整个螺旋接触面上，计算时可视为集中在螺纹中径 d_0 处。为了便于计算，将 F_{R1} 分解为水平方向分力 F_{Rx} 和垂直方向分力 F_J（其值与 F_J' 相等）。根据力矩平衡条件得

$$F_QL=F_2r'+F_{Rx}\frac{d_0}{2}$$

因 $F_2=F_J\tan\varphi_2$，$F_{Rx}=F_J\tan(\alpha+\varphi_1)$，代入上式得

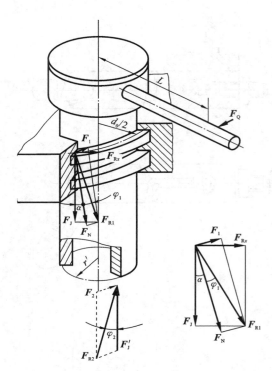

图 3-17　螺杆的受力分析

$$F_{J} = \frac{F_{Q}L}{\dfrac{d_{0}}{2}\tan(\alpha+\varphi_{1})+r'\tan\varphi_{2}} \quad (3-8)$$

式中：F_{J}——夹紧力（N）；

L——作用力臂（mm）；

F_{Q}——作用力（N）；

d_{0}——螺纹中径（mm）；

α——螺纹升角（°）；

φ_{1}——螺纹处的摩擦角（°）；

φ_{2}——螺杆端部与工件间的摩擦角（°）；

r'——螺杆端部与工件间的当量摩擦半径（mm）。

螺杆端部结构不同时，当量摩擦半径的计算方法如图 3-18 所示。

2. 螺旋压板机构

1）螺旋压板机构的典型结构

夹紧机构中，结构形式变化最多的是螺旋压板机构。图 3-19 所示是常用螺旋压板机构的五种典型结构。

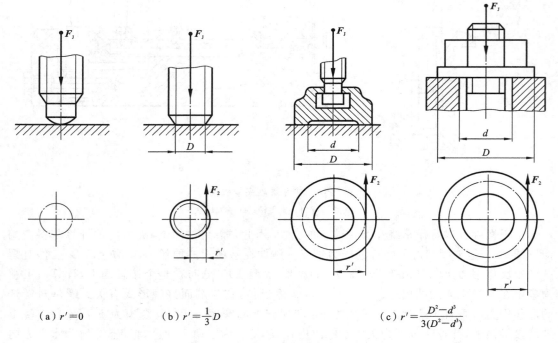

（a）$r'=0$　　　　（b）$r'=\dfrac{1}{3}D$　　　　　（c）$r'=\dfrac{D^{2}-d^{3}}{3(D^{2}-d^{3})}$

图 3-18　当量摩擦半径的计算方法

图 3-19(a)、3-19(b)所示两种机构的施力螺钉位置不同，图 3-19(a)所示的夹紧力 F_{J} 小于作用力 F_{Q}，主要用于夹紧行程较大的场合；图 3-19(b)所示可通过调整压板的杠杆比 l/L，

实现增大夹紧力或夹紧行程的目的;图 3-19(c)所示是铰链压板机构,主要用于需增大夹紧力的场合;图 3-19(d)所示是螺旋钩形压板机构,其特点是结构紧凑,使用方便,主要用于安装夹紧机构的空间受限的场合;图 3-19(e)所示为自调式压板,它能适应工件高度在 0～100 mm 范围内变化,而无须进行调节,其结构简单、使用方便。

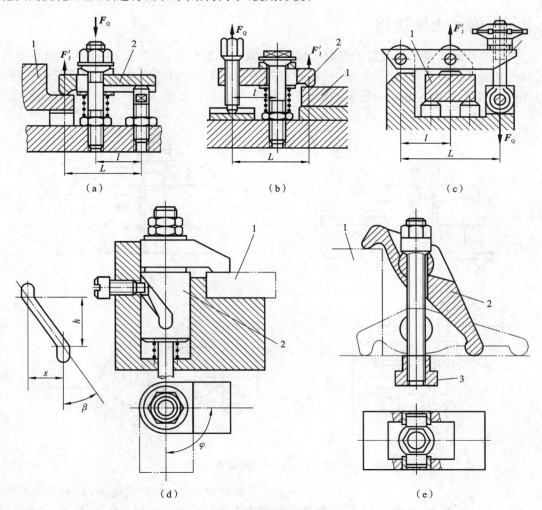

图 3-19　典型螺旋压板夹紧机构
1—工件;2—压板;3—T 型螺母

　　上述各种螺旋压板机构的结构尺寸均已标准化,具体可参考有关国家标准和夹具设计手册进行设计。

　　2) 设计螺旋压板夹紧机构时应注意的问题

　　(1) 当工件在夹压方向上的尺寸变化较大时,如被夹压表面为毛坯面,则应在夹紧螺母和压板之间设置球面垫圈,并使垫圈孔与螺杆间保持足够大的间隙,以防止夹紧工件时因压板倾斜而导致螺杆弯曲。

　　(2) 压板的支承螺杆的支承端应做成圆球形,另一端用螺母锁紧在夹具体上,且螺杆高度应可调,保证压板有足够的活动余地以适应工件夹压尺寸的变化和防止支承螺杆松动。

　　(3) 当夹紧螺杆或支承螺杆与夹具体接触端有相对移动时,应避免螺杆与夹具体直接接触，须在螺杆与夹具体间增设用耐磨材料制作的垫块，以免夹具体被磨损。

（4）应采取措施防止夹紧螺杆转动。如图 3-19(a)、3-19(b) 所示，夹紧螺杆用锁紧螺母锁紧在夹具体上，以防止其转动。

（5）压板应采用弹簧悬浮支撑，以使工件装卸方便。

三、偏心夹紧机构

用偏心件直接或间接夹紧工件的机构，称为偏心夹紧机构，如图 3-20 所示。偏心件有圆偏心和曲线偏心两种类型，其中，圆偏心机构因结构简单、制造容易而得到广泛的应用。图 3-20(a)、图 3-20(b) 用的是圆偏心轮，图 3-20(c) 用的是偏心轴，图 3-20(d) 用的是偏心叉。

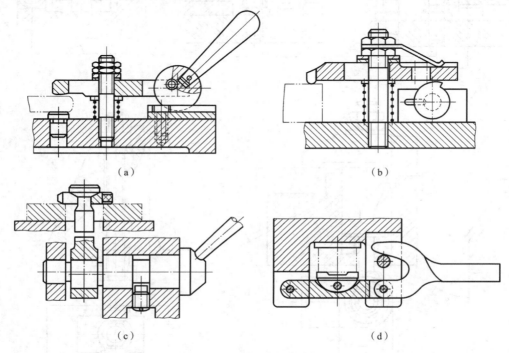

（a）　　　　　　　　（b）

（c）　　　　　　　　（d）

图 3-20　偏心夹紧机构

偏心夹紧机构操作方便、夹紧迅速，缺点是夹紧力和夹紧行程都较小，一般用于切削力不大、振动小、没有离心力影响的加工场合。本书重点介绍圆偏心轮的工作原理和设计方法。

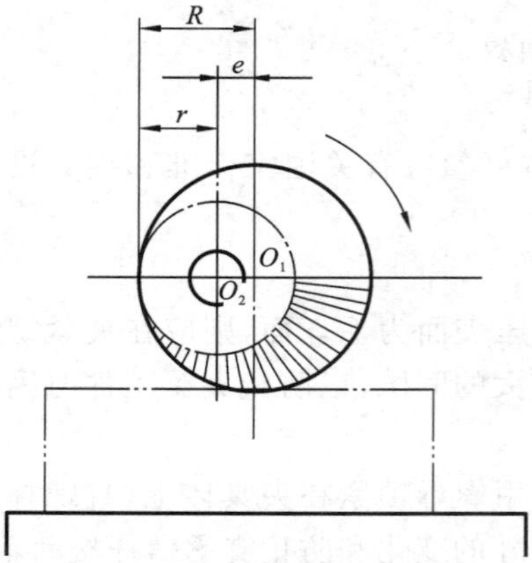

1. 圆偏心轮的工作原理

图 3-21 所示是圆偏心轮直接夹紧工件的原理图，O_1 是圆偏心轮的几何中心，R 是它的几何半径，O_2 是偏心轮的回转中心，O_1O_2 表示偏心距 e。

若以 O_2 为圆心，r 为半径画圆（点划线圆），便把偏心轮分成了三个部分。其中，点划线部分是个"基圆盘"，半径 $r=R-e$，另两部分是两个相同的弧形楔。当偏心轮绕回转中心 O_2 顺时针方向转动时，相当于一个

图 3-21　圆偏心轮的工作原理

弧形楔(阴影部分)逐渐楔入"基圆盘"与工件之间,从而夹紧工件。

2. 圆偏心轮的夹紧行程及工作段

如图 3-22(a)所示,当圆偏心轮绕回转中心 O_2 转动时,设轮周上任意点 x 的回转角为 θ_x,即工件夹压表面法线与 O_1O_2 连线间的夹角为 θ_x,回转半径为 r_x。工件夹压表面法线与回转半径间的夹角称为升角,用 α_x 表示。以 θ_x、r_x 为坐标轴建立直角坐标系,再将轮周上各点的回转角与回转半径一一对应地标入此坐标系中,便得到了圆偏心轮上弧形楔的展开图,如图 3-22(b)所示。

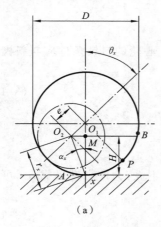
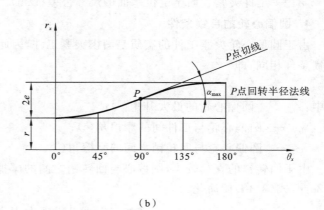

（a）   （b）

图 3-22 圆偏心轮的回转角 θ_x、升角 α_x 及弧形楔展开图

由图 3-22 可以看出,当圆偏心轮从 0°转到 180°时,其夹紧行程 $h=2e$,轮周上各点的升角是不相等的,$\theta_x=90°$时的升角 α_p 最大(α_{max})。在直角三角形 $\triangle O_2Mx$ 中,

$$\tan\alpha_x=\frac{O_2M}{Mx}$$

而

$$O_2M=e\sin\theta_x, \quad Mx=H=\frac{D}{2}-e\cos\theta_x$$

式中:H——夹紧高度(mm)。

所以

$$\tan\alpha_x=\frac{e\sin\theta_x}{\dfrac{D}{2}-e\cos\theta_x} \tag{3-9}$$

当 $\theta_x=0°$、180°时,$\sin\theta_x=0$,$\alpha_x=\alpha_{min}=0$;

当 $\theta_x=90°$时,$\cos\theta_x=0$,$\sin\theta_x=1$,$\alpha_x=\alpha_p=\alpha_{max}$。

故 $\tan\alpha_{max}=\dfrac{2e}{D}$ 或 $\alpha_{max}=\arctan\dfrac{2e}{D}$。

圆偏心轮的工作转角一般小于 90°,因为转角太大,不仅操作费时,也不安全。工作转角范围内的那段轮周称为圆偏心轮的工作段。常用的工作段是 $\theta_x=45°\sim135°$ 或 $\theta_x=90°\sim180°$。

在 $\theta_x=45°\sim135°$范围内,升角大但变化小,夹紧力小而稳定,夹紧行程大($h\approx1.4e$)。在 $\theta_x=90°\sim180°$范围内,升角由大到小,夹紧力逐渐增大,但夹紧行程较小($h=e$)。

3. 圆偏心轮偏心量 e 的确定

如图 3-22 所示,设圆偏心轮工作段为 AB,在 A 点的夹紧高度 $H_A=D/2-e\cos\theta_A$,在 B

点的夹紧高度 $H_B = D/2 - e\cos\theta_B$，夹紧行程 $h_{AB} = H_B - H_A = e(\cos\theta_A - \cos\theta_B)$，所以 $e = \dfrac{h_{AB}}{\cos\theta_A - \cos\theta_B}$，而

$$h_{AB} = s_1 + s_2 + s_3 + \delta$$

式中：s_1——装卸工件所需的间隙（mm），一般取大于或等于 0.3 mm；

    s_2——夹紧装置的弹性变形量（mm），一般取 0.05～0.15 mm；

    s_3——夹紧行程储备量（mm），一般取 0.1～0.3 mm；

    δ——工件夹紧表面至定位基面的尺寸公差（mm）。

4. 圆偏心轮的自锁条件

由于圆偏心轮夹紧工件的实质是斜楔夹紧工件，因此，圆偏心轮的自锁条件应与斜楔的自锁条件相同，即

$$\alpha_{max} \leqslant \varphi_1 + \varphi_2 \tag{3-10}$$

式中：α_{max}——圆偏心轮的最大升角（°）；

    φ_1——圆偏心轮与工件间的摩擦角（°）；

    φ_2——圆偏心轮与回转销之间的摩擦角（°）。

由于回转销的直径较小，圆偏心与回转销之间的摩擦力矩不大，为使自锁可靠，φ_2 可忽略不计，式（3-10）便简化为

$$\alpha_{max} \leqslant \varphi_1 \ \text{或} \ \tan\alpha_{max} \leqslant \tan\varphi_1 \tag{3-11}$$

因 $\tan\varphi_1 = f$，代入式（3-11），得

$$\tan\alpha_{max} \leqslant f$$

因 $\tan\alpha_{max} = \dfrac{2e}{D}$，故圆偏心轮的自锁条件是

$$\frac{2e}{D} \leqslant f \tag{3-12}$$

当 $f = 0.1$ 时，$D \geqslant 20e$；当 $f = 0.15$ 时，$D \geqslant 14e$。

5. 圆偏心轮的夹紧力

由于圆偏心轮周上各点的升角不同，因此，各点的夹紧力也不相等。图 3-23 所示为任意点 x 夹紧工件时圆偏心轮的受力情况。

设作用力为 $\boldsymbol{F_Q}$，$\boldsymbol{F_Q}$ 的作用点至回转中心 O_2 的距离为 L，回转半径为 r_x，偏心距 $e = O_1O_2$。

圆偏心轮夹紧工件时，工件受到的力矩大小为 $F_Q L$，可把圆偏心轮看成是作用在工件与转轴之间的弧形楔。可将力矩 $F_Q L$ 转化为力矩 $F'_Q r_x$，所以 $F'_Q = F_Q L / r_x$。弧形楔上的作用力 $F'_Q \cos\alpha_P \approx F'_Q$，因此，与斜楔夹紧力公式相似，夹紧力为

$$F_J = \frac{F'_Q}{\tan\varphi_1 + \tan(\alpha_x + \varphi_2)} = \frac{F_Q L}{r_x[\tan\varphi_1 + \tan(\alpha_x + \varphi_2)]}$$

当 $\theta_x = \theta_P = 90°$ 时，$r_x = r_P = R/\cos\alpha_P$，则

$$F_J = \frac{F_Q L \cos\alpha_P}{R[\tan\varphi_1 + \tan(\alpha_P + \varphi_2)]} \tag{3-13}$$

一般情况下，回转角 $\theta_x = \theta_P = 90°$ 时，$\alpha_P = \alpha_{max}$，F_J 最小。计算出此时的最小夹紧力，若能满足夹紧要求，则偏心轮其他各点的夹紧力都能满足要求。

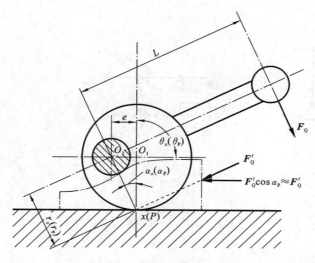

图 3-23 圆偏心轮受力分析

6. 圆偏心轮的设计步骤

（1）确定夹紧行程 h_{AB}；

（2）计算偏心距。确定工作段回转角范围，如 $\theta_{AB}=45°\sim135°$ 或 $\theta_{AB}=90°\sim180°$。偏心距为

$$e=\frac{h_{AB}}{\cos\theta_A-\cos\theta_B}$$

（3）按自锁条件计算 D。当 $f=0.1$ 时，$D=20e$；当 $f=0.15$ 时，$D=14e$。

（4）查夹具标准(JB/T 8011.1—1999～JB/T 8011.4—1999)或夹具设计手册，确定偏心轮的其他结构尺寸参数。常用的偏心轮结构形式如图 3-24(a)和图 3-24(b)所示。

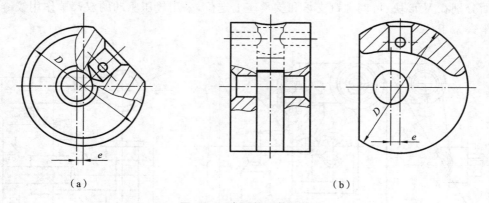

（a）　　　　　　　　　　　　　　　（b）

图 3-24 常用偏心轮结构

四、铰链夹紧机构

铰链夹紧机构是由铰链杠杆组合而成的一种增力夹紧机构，其结构简单，增力倍数较大，但无法单独实现机械自锁。它常与动力装置(气缸、液压缸等)联用，在气动铣床中应用较广，也作为其他机床夹具。常见的铰链夹紧机构有五种基本类型，如图 3-25 所示。

例如，图 3-26 所示是在连杆右端铣槽的工序简图。工件以 $\phi52$ mm 外圆柱面、侧面及右

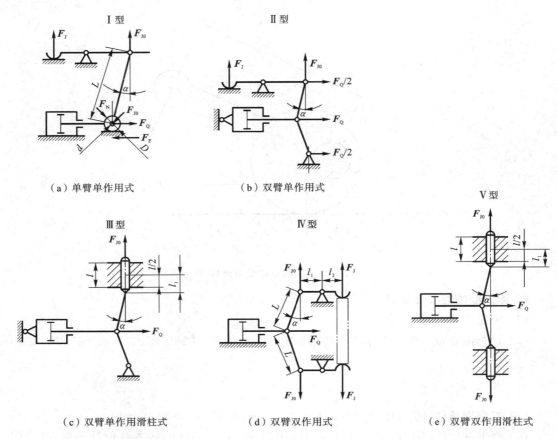

（a）单臂单作用式　　　　　（b）双臂单作用式

Ⅴ型

（c）双臂单作用滑柱式　　　（d）双臂双作用式　　　（e）双臂双作用滑柱式

图 3-25　铰链夹紧机构的基本类型

端底面分别在 V 形块、可调螺钉支承和支承座上定位,采用气压驱动的双臂单作用铰链夹紧机构来夹紧工件。

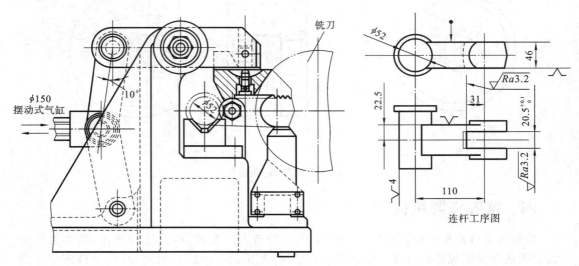

图 3-26　双臂单作用铰链夹紧的铣床夹具

3.4 定心夹紧机构

当工件被加工面以中心要素(轴线、中心对称平面等)为工序基准时,为使基准重合以减少定位误差,常采用定心夹紧机构。

定心夹紧机构具有定心和夹紧两种功能,最常用的卧式车床的自定心卡盘即为定心夹紧机构的典型实例。

定心夹紧机构按其定心作用原理分为两种类型:一种是依靠传动机构使定心夹紧元件等速移动,从而实现定心夹紧,如螺旋式、杠杆式、楔式机构等;另一种是利用薄壁弹性元件受力后产生均匀的弹性变形(收缩或扩张)来实现定心夹紧,如弹簧夹头、膜片卡盘、波纹套、液性塑料等。

以下介绍常见的几种定心夹紧机构。

一、螺旋式定心夹紧机构

如图 3-27 所示,螺杆 4 两端的螺纹旋向相反,螺距相同。当其旋转时,使两个 V 形钳口 1、2 作对向等速移动,从而实现对工件的定心夹紧或松开。V 形钳口可按工件不同形状进行更换。

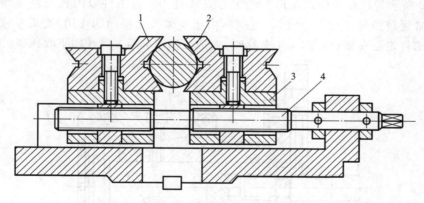

图 3-27 螺旋式定心夹紧机构

1、2—V 形钳口;3—滑块;4—双向螺杆

这种定心夹紧机构结构简单、工作行程大、通用性好,但定心精度不高,一般为 0.05～0.1 mm。主要适用于粗加工或半精加工中需要行程大而定心精度要求不高的场合。

二、杠杆式定心夹紧机构

如图 3-28 所示为杠杆式自定心卡盘。滑套 1 做轴向移动时,圆周均布的三个钩形杠杆 2 便绕轴销 3 转动,拨动三个滑块 4 沿径向移动,从而带动其上的卡爪(图中未示出)将工件定心夹紧或松开。

这种定心夹紧机构具有刚性大、动作快、增力倍数大、工作行程也比较大(随结构尺寸不同,工作行程为 3～12 mm)等特点,但其定心精度较低,一般为 $\phi 0.1$ mm 左右,它主要用于工件的粗加工。由于杠杆机构不能实现机械自锁,所以这种机构的自锁要靠气压装置或其

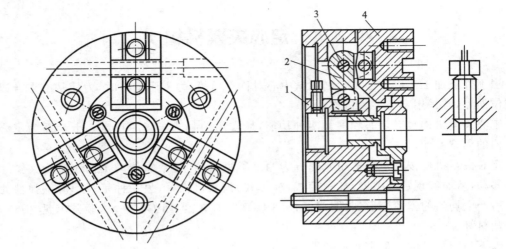

图 3-28　杠杆式自定心卡盘
1—滑套；2—钩形杠杆；3—轴销；4—滑块

他机构，其中采用气压装置实现自锁的较多。

三、楔式定心夹紧机构

图 3-29 所示为机动的楔式夹爪自动定心夹紧机构。当工件以内孔及左端面在夹具上定位后，气缸通过拉杆 4 使六个夹爪 1 左移，由于本体 2 上斜面的作用，夹爪左移的同时向外胀开，将工件定心夹紧；反之，夹爪右移时，夹爪在弹簧卡圈 3 的作用下收拢，将工件松开。

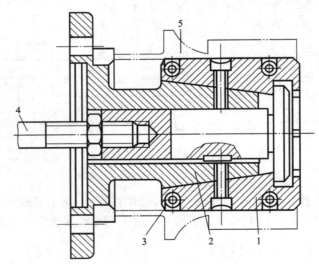

图 3-29　机动楔式夹爪自动定心夹紧机构
1—夹爪；2—本体；3—弹簧卡圈；4—拉杆；5—工件

这种定心夹紧机构的结构紧凑，定心精度一般可达 $\phi 0.02 \sim \phi 0.07$ mm，比较适用于工件以内孔作定位基面的半精加工工序。

四、弹簧筒夹式定心夹紧机构

弹簧筒夹式定心夹紧机构常用于轴套类工件。如图 3-30(a)所示弹簧夹头用于装夹以外圆柱面为定位基面的工件。旋转螺母 4 时，其端面推动弹性筒夹 2 左移，此时锥套 3 内锥面迫使弹性筒夹 2 上的簧瓣向心收缩，从而将工件定心夹紧。如图 3-30(b)所示弹簧心轴用于装夹以内孔为定位基面的工件。因工件的长径比 $L/d \gg 1$，故弹性筒夹 2 的两端各有簧瓣。旋转螺母 4 时，其端面推动锥套 3，同式推动弹性筒夹 2 左移，锥套 3 和夹具体 1 的外锥面同时迫使弹性筒夹 2 的两端簧瓣向外均匀扩张，从而将工件定心夹紧。反向转动螺母，带动锥套，便可卸下工件。

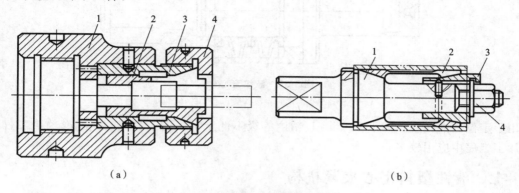

（a）　　　　　　　　　　　　　　　　　　（b）

图 3-30　弹簧夹头和弹簧心轴

1—夹具体；2—弹性筒夹；3—锥套；4—螺母

　　弹簧筒夹式定心夹紧机构的结构简单、体积小、操作方便迅速，因而应用十分广泛。其定心精度可稳定在 $\phi0.04 \sim \phi0.10$ mm 之间，故一般适用于精加工或半精加工场合。

五、膜片卡盘定心夹紧机构

　　图 3-31 为膜片卡盘定心夹紧结构，膜片（弹性盘）4 为定心夹紧弹性施力元件，用螺钉 2 和螺母 3 紧固在夹具体 1 上。弹性盘上有 6～16 个卡爪，爪上装有可调螺钉 5，用于对工件定心和夹紧，螺钉位置调好后用螺母锁紧，然后采用就地加工法磨削螺钉 5 头部及顶杆 7 端面，以确保对主轴回转轴线的同轴度及垂直度，磨削时使卡爪有一定的预胀量，确保螺钉 5 头部所在圆与工件外径一致。装夹工件时，外力 F_Q 通过推杆 8 使弹性盘 4 弹性变形，卡爪张开。

　　膜片卡盘的刚性大，工艺性优良，通用性好，定心精度可达 $\phi0.005 \sim \phi0.01$ mm，操作方便迅速，但它的夹紧行程较小，适用于精加工。

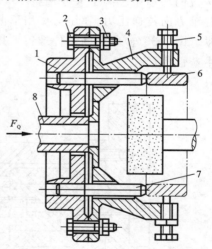

图 3-31　膜片卡盘定心夹紧机构

1—夹具体；2—螺钉；3—螺母；4—弹性盘；
5—可调螺钉；6—工件；7—顶杆；8—推杆

六、波纹套定心夹紧机构

　　图 3-32 所示为波纹套定心心轴。旋紧螺母 5 时，轴向压力使两波纹套 3 径向均匀胀大，将工件 4 定心夹紧。波纹套 3 及支承圈 2 可以更换，以适应孔径不同的工件，扩大心轴的通用性。

　　这种定心机构结构简单，安装方便，使用寿命长，其定心精度可达 $\phi0.005 \sim \phi0.01$ mm，

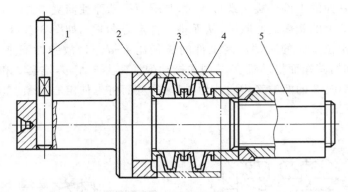

图 3-32　波纹套心轴

1—拨杆；2—支承圈；3—波纹套；4—工件；5—螺母

适用于定位基准孔直径大于 20 mm 且精度等级不低于 IT8 的工件，在齿轮、套筒类工件的精加工工序中应用较多。

七、液性塑料定心夹紧机构

图 3-33 所示为液性塑料定心夹紧机构的两种结构，其中如图 3-33（a）所示工件以内孔为定位基面，如图 3-33（b）所示工件以外圆为定位基面，虽然两者的定位基面不同，但其基本结构与工作原理是相同的。起直接夹紧作用的薄壁套筒 2 压配在夹具体 1 上，在所构成的环槽中注满了液性塑料 3。当旋转螺钉 5 通过柱塞 4 向腔内加压时，液性塑料便向各个方向传递压力，在压力作用下薄壁套筒产生均匀的径向弹性变形，从而将工件定心夹紧。图 3-33（a）所示的限位螺钉 6 用于限制加压螺钉的行程，防止薄壁套筒因超负荷而产生塑性变形。

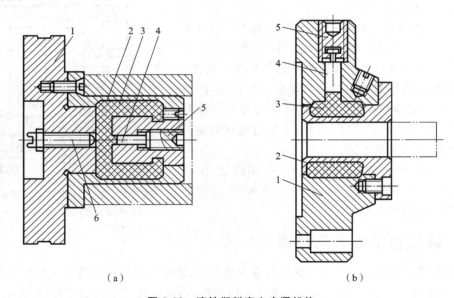

（a）　　　　　　　　　　　　　（b）

图 3-33　液性塑料定心夹紧机构

1—夹具体；2—薄壁套筒；3—液性塑料；4—柱塞；5—螺钉；6—限位螺钉

这种定心机构的结构紧凑,操作方便,定心精度可达 $\phi0.005\sim\phi0.01$ mm,主要用于定位基面孔径大于 18 mm 或外径大于 18 mm、尺寸精度为 IT8~IT7 的工件的精加工或半精加工。

◀ 3.5 联动夹紧机构 ▶

在夹紧机构的设计中,有时需要几个点同时夹紧一个工件,有时需要同时夹紧几个工件。这种一次夹紧操作就能同时多点夹紧一个工件或同时夹紧几个工件的机构,称为联动夹紧机构。联动夹紧机构可以简化操作,简化夹具结构,节省装夹时间。

联动夹紧机构可分为单件联动夹紧机构和多件联动夹紧机构。前者对一个工件进行多点夹紧,后者能同时夹紧几个工件。

一、单件联动夹紧机构

最简单的单件联动夹紧机构是浮动压头,如图 3-34 所示,属于单件两点夹紧联动方式。图 3-35 所示为单件三点联动夹紧机构,拉杆 3 带动浮动盘 2,使三个钩形压板 1 同时夹紧工件。单件三点联动夹紧机构采用了能够自动回转的钩形压板,装卸工件十分方便。

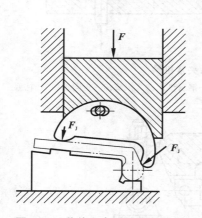

图 3-34 单件两点联动夹紧机构

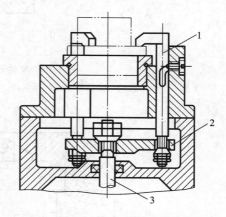

图 3-35 单件三点联动夹紧机构

1—钩形压板;2—浮动盘;3—拉杆

图 3-36 所示为单件四点联动夹紧铣床夹具。夹紧时,转动手柄 1 使偏心轮 2 推动柱塞 10,由液性塑料将压力传到四个滑柱 6 上,迫使滑柱向外推动压板 4、5 同时夹紧工件。当反转偏心轮 2 时,拉簧 8 将压板松开,压回四个滑柱 6,工件被松开。

图 3-37 所示为铰链压板式四点联动夹紧机构。只要拧紧螺母,通过三个浮动压块的浮动,可使工件在两个方向四个点上得到夹紧,各方向夹紧力的大小可通过改变杠杆臂长调节。

二、多件联动夹紧机构

多件联动夹紧机构多用于小型工件,在铣床夹具中应用尤为广泛。根据夹紧方式和夹紧方向的不同,它可分为平行夹紧、顺序夹紧、对向夹紧和复合夹紧四种方式。

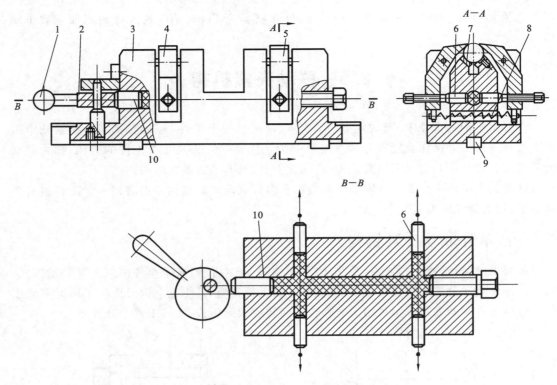

图 3-36　单件四点联动夹紧机构

1—手柄；2—偏心轮；3—夹具体；4、5—压板；6—滑柱；7—钢制垫片；8—拉簧；9—定向键；10—柱塞

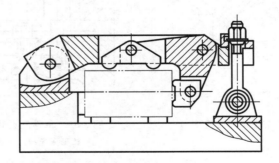

图 3-37　铰链压板式四点联动夹紧机构

1. 平行夹紧

图 3-38 所示为多件平行联动夹紧机构。在一次装夹多个工件时，若采用刚性压板，如图 3-38(a)所示，则因工件的直径存在加工误差及 V 形块有误差，使各工件所受的力不相等或有些工件夹不住；采用图 3-38(b)所示三个浮动压板，可保证同时夹紧所有工件，且各工件所受的夹紧力理论上相等，即

$$F_{J1}=F_{J2}=F_{J3}=\cdots=F_{Jn}=\frac{F_J}{n}$$

式中：F_J——夹紧装置的总夹紧力(N)；

　　　n——被夹紧工件的件数。

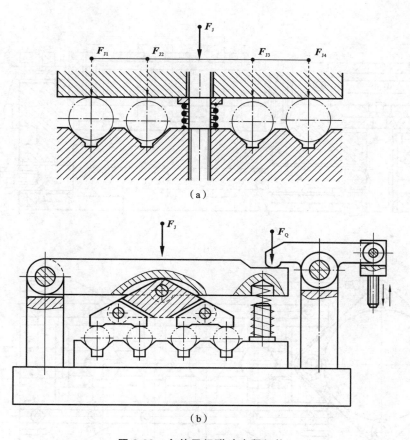

图 3-38　多件平行联动夹紧机构

2. 顺序夹紧

图 3-39 所示是同时铣削四个工件的顺序联动夹紧铣床夹具。当压缩空气推动活塞 1 向下移动时,活塞杆 2 上的斜面推动滚轮 3 使推杆 4 向右移动,通过杠杆 5 使顶杆 6 顶紧 V 形块 7,通过中间三个浮动 V 形块 8 及固定 V 形块 9,连续夹紧四个工件,理论上每个工件所受的夹紧力等于总夹紧力。加工完毕后,活塞 1 做反向运动,推杆 4 在弹簧的作用下退回原位,V 形块松开,卸下工件。

对于这种顺序夹紧方式,由于工件误差、定位误差、夹紧误差依次传递,逐个积累,故只适用于在夹紧方向上没有加工要求的工件。

3. 对向夹紧

如图 3-40 所示,两对向压板 1、4 利用球面垫圈及间隙构成浮动环节。转动偏心轮 6,使压板 4 夹紧右边的工件,同时拉杆 5 右移使压板 1 将左边的工件夹紧。这类夹紧机构可以减小原始作用力,但增加了夹紧行程。

4. 复合夹紧

将以上几种多件联动夹紧方式合理组合而成的机构称为复合式多件联动夹紧机构。图 3-41 所示为平行式和对向式组合的复合机构。

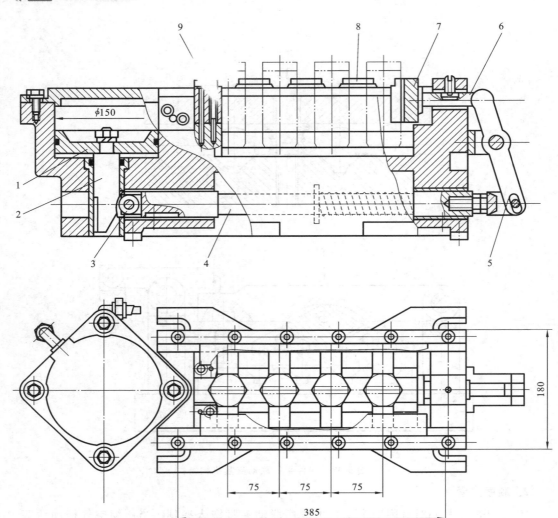

图 3-39　多件顺序联动夹紧机构

1—活塞；2—活塞杆；3—滚轮；4—推杆；5—杠杆；6—顶杆；7—V形块；8—浮动V形块；9—固定V形块

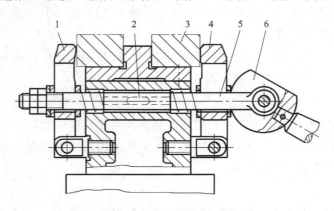

图 3-40　对向式多件联动夹紧机构

1、4—压板；2—键；3—工件；5—拉杆；6—偏心轮

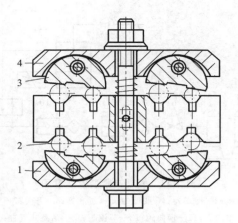

图 3-41 复合式多件联动夹紧机构

1、4—压板；2—工件；3—摆动压块

三、设计联动夹紧机构时应注意的问题

（1）要设置浮动环节。为了使联动夹紧机构的各个夹紧点能同时、均匀地夹紧工件，各夹紧元件的位置应能协调浮动。如图 3-34 所示的浮动压头、图 3-35 所示的浮动盘（三点夹紧有两个浮动环节）、图 3-36 所示的液性塑料、图 3-37 所示的三个浮动压板、图 3-39 所示的三个浮动 V 形块，都是为此目的而设置的，称为浮动环节。若有 n 个夹紧点，则应有 $n-1$ 个浮动环节。

（2）同时夹紧的工件数量不宜太多。

（3）有较大的总夹紧力和足够的刚度。

（4）力求设计成增力机构，并使结构简单、紧凑，以提高机械效率。

◀ 3.6 夹紧的动力装置 ▶

现代高效率的夹具，大多采用机动夹紧方式。在机动夹紧中，一般都设有产生夹紧力的动力系统，常用的动力系统有气动、液压、气液联合等快速高效传动装置。这样可以大幅度减少装夹工件的辅助时间，提高劳动生产率，减轻操作者的劳动强度。

一、气动夹紧

气动夹紧是机动夹紧中应用最广泛的一种，目前不仅在大批量生产中已普遍采用，而且已逐步推广到小批量生产中。

1. 气压传动系统

如图 3-42 所示，电动机 1 带动空气压缩机 2 产生 0.7～0.9 MPa 的压缩空气，经冷却器 3 进入储气罐 4 备用，此部分一般装置在具有安全防护的气站室内。

压缩空气在进入机床夹具的气缸前，必须进行处理：首先进入分水滤气器 7，分离出水分并滤去杂质，以免元件生锈而堵塞管路；再经调压阀 8，使压力降至工作压力（0.4～0.6 MPa）并稳定；然后通过油雾器 9 混以雾化油，以保证系统中各元件的润滑；最后经单向阀 10、换向

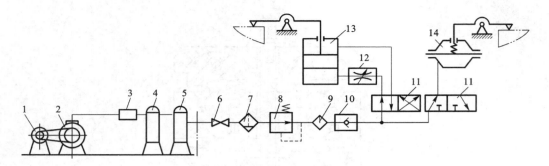

图 3-42　气动夹紧装置示意图

1—电动机;2—空气压缩机;3—冷却器;4—储气罐;5—过滤器;6—开关;7—分水滤气器;8—调压阀;
9—油雾器;10—单向阀;11—换向阀;12—节流阀;13—活塞式气缸;14—薄膜式气缸

阀 11、节流阀 12 进入气缸。

2.气动夹紧装置的特点

(1)压缩空气来源于大气,取之不尽,废气可排入大气中,处理方便,没有污染。

(2)压缩空气在管道中输送的压力损失较小,因此,便于集中供应和远距离操纵,便于实现控制自动化,供气压力较为稳定。

(3)压缩空气在管道中流动速度快,反应灵敏,可达到快速夹紧的目的。

(4)夹紧力基本稳定,但由于空气有压缩性,夹紧刚度差,故在重载切削或断续切削时,应设置自锁装置。

(5)压缩空气的工作压力较小,与液压夹紧装置相比,气动夹紧装置结构尺寸相对较大,另外,气动夹紧装置工作时会有一定程度的噪声。

二、液压夹紧

液压夹紧的特点:

(1)液压油压力高、传动力大,在产生同样原始作用力的情况下,液压缸的结构尺寸比气压缸小得多,是应用广泛的夹具动力装置。

(2)油液的不可压缩性使夹紧刚度高,工作平稳、可靠。

(3)液压传动噪声小,液压夹紧装置的劳动条件比气压夹紧装置好。

(4)高压油液容易漏油,要求液压元件的材质和制造精度高,故夹具成本较高。

三、气动-液压夹紧

为了综合利用气压夹紧装置和液压夹紧装置的优点,可以采用气液联合的增压装置。该种装置只利用气源即可获得高压油,成本低,维护方便。

气液增压装置分为直接作用式和低高压先后作用式两种。图 3-43 所示是直接作用式气液增压虎钳示意图。工作时,先通过丝杠 2 将钳口 1 调至接近工件的位置。然后操纵换向阀,使压缩空气进入气缸的 A 腔,推动活塞 5 右移,B 腔中的废气经换气阀排出,此时活塞杆 4 对油腔 C(增压缸)加压,并使高压油经油路 a 进入油腔 F(工作液压缸),推动活塞 3 左移,即可夹紧工件。

由于工作气缸的活塞 5 的横截面积比增压缸活塞杆 4 大得多,故液压缸活塞 3 获得很

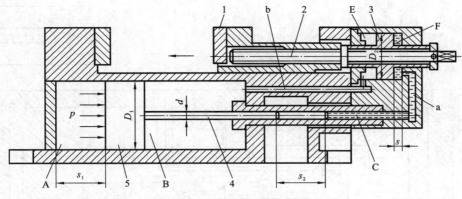

图 3-43 气-液增压虎钳示意图
1—钳口;2—丝杠;3、5—活塞;4—活塞杆

大的作用力,设活塞杆 4 作用于油液的单位压力为 p',压缩空气作用于活塞 5 的单位压力为 p,则有

$$p' = \frac{4}{\pi d^2} \times \frac{\pi D_1^2}{4} p = \left(\frac{D_1}{d}\right)^2 p$$

工作液压缸活塞 3 产生的作用力为

$$F = \frac{\pi D_2^2}{4} p' \eta = \frac{\pi D_2^2}{4} \times \left(\frac{D_1}{d}\right)^2 p \eta = \frac{\pi}{2} \left(\frac{D_1 D_2}{d}\right)^2 p \eta$$

式中:D_1、d、D_2——气缸、增压缸、液压缸活塞的直径(mm);

$\quad\quad p$——压缩空气的单位压力(Pa);

$\quad\quad \eta$——装置的机械效率,可取 $0.85 \sim 0.90$。

这种装置的缺点是行程短,因油液可压缩性小,因此增压缸内活塞杆 4 的移动容积和工作液压缸活塞 3 的移动容积相等,增压缸活塞杆 4 的行程与气缸活塞 5 的行程相等,即

$$\frac{\pi d^2}{4} \cdot s_1 = \frac{\pi D_2^2}{4} \cdot s$$

则有

$$s = \left(\frac{d}{D_2}\right)^2 s_1$$

式中:s_1——气缸活塞 5 的行程;

$\quad\quad s$——工作液压缸活塞 3 的行程。

上式表明工作液压缸活塞的作用力增大多少倍,相应的行程就缩小多少倍。若夹紧机构需要较大的工作行程时,就需要增加气缸的行程,这势必使整个装置的长度增加。为了解决上述缺点,可以采用如图 3-44 所示的气液增压器,其增压、夹紧和松夹过程分三步进行:

1. 预夹紧

先将三位五通阀的手柄置于预夹紧的位置,压缩空气进入左气缸的 B 腔,推动活塞 1 向右移动,油液由 b 腔经 a 腔输至高压缸 2,其活塞即以低压快速移动对工件进行预夹紧。此时油液容量大,活塞的行程也较大。在缸径 $D = 120$ mm、$d_1 = 90$ mm、气源气压为 5.5×10^5 Pa 时,低压油压力约为 9.9×10^5 Pa。

2. 增压夹紧

在预夹紧后,把手柄移至高压位置,压缩空气即进入右气缸的 C 腔,推动活塞 3 向左移动,

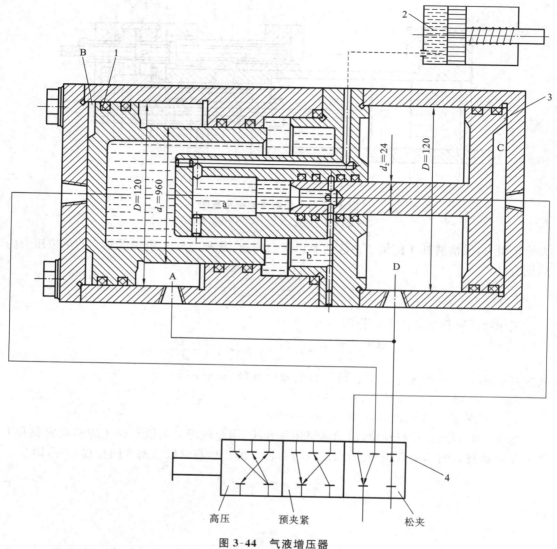

图 3-44 气液增压器

1—气缸活塞;2—高压缸;3—活塞和柱塞;4—换向阀

直径为 d_2 的柱塞将油腔 a 和 b 隔开,并对 a 腔的油液施加压力,使油压升高,并输送至工作液压缸而实现高压夹紧。在 $D=120$ mm、$d_2=24$ mm 时,高压油压力可高达 $137.5×10^5$ Pa。

3. 松开工件

加工完毕后把手柄转换到松夹的位置,压缩空气进入 A、D 两腔,活塞 1 和 3 做相反方向移动,此时工作液压缸的活塞在弹簧力的作用下复位,放松工件,油液回到增压缸中。

本增压缸为单独动力部件,可用于不同的工作液压缸,因而可在生产规模不大的情况下使用。

 思考与练习

3-1 简述设计夹紧装置的基本要求。

3-2 简述确定夹紧力方向和作用点的基本原则。

3-3 简述斜楔、螺旋、偏心夹紧机构的特点。

3-4 简述铰链夹紧机构的特点。

3-5 简述定心夹紧机构的工作原理。

3-6 简述联动夹紧机构的特点及夹紧形式。

3-7 如何设置联动夹紧机构的浮动环节？

3-8 分析如图 3-45 所示的夹紧力方向和作用点，并判断其合理性。若不合理，提出改进方案。

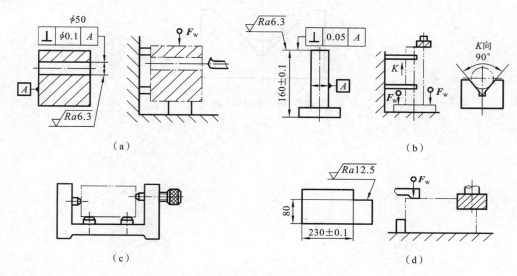

图 3-45 题 3-8 图

3-9 分析如图 3-46 所示的夹紧机构是否合理，若不合理，提出改进方案。

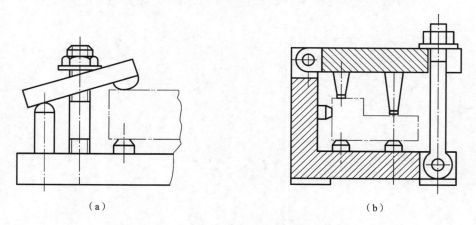

图 3-46 题 3-9 图

3-10 如图 3-47 所示为简单螺旋夹紧机构，用螺钉夹紧直径 $d=120$ mm 的工件，已知切削力矩 $M_C=7$ N·m，各种摩擦系数 $f=0.15$，V 形块 $\alpha=90°$。若选用 M10 螺钉，手柄直径 $d'=100$ mm，施于手柄上的原始作用力 $F_Q=100$ N，试分析夹紧是否可靠？

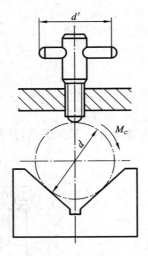

图 3-47　题 3-10 图

第4章
分度装置与夹具体

◀ **知识目标**

(1) 了解分度装置的作用、类型和结构。

(2) 掌握典型分度装置的组成。

(3) 掌握分度装置的方法。

(4) 了解夹具体的设计要点。

◀ **能力目标**

(1) 能分析分度装置的各组成部分。

(2) 能设计回转式分度装置。

◀ 4.1 分度装置的类型和结构 ▶

一、概述

在机械加工中经常会遇到一些工件上有一组按一定角度或一定距离分布的、形状和尺寸都相同的加工表面,如工件上等分孔或等分槽等,如图 4-1 所示。

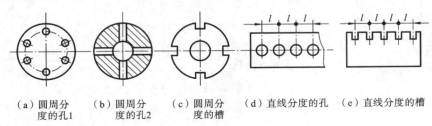

（a）圆周分 　　（b）圆周分 　　（c）圆周分 　　（d）直线分度的孔 　　（e）直线分度的槽
　度的孔1 　　　度的孔2 　　　度的槽

图 4-1　工件上常见的等分表面

为了保证加工表面间的位置精度,减少装夹次数,多采用多工位、分度加工的方法。即工件一次装夹之后,先完成一个表面的加工,再依次使工件随同夹具的可动部分转过一定的角度或移动一定的距离,再对下一个相同表面进行加工,直到完成全部加工内容。机床夹具中实现这种功能的装置称为分度装置。

分度装置能使工件加工的工序集中,广泛用于车、钻、铣和镗削等加工之中。

图 4-2 所示为带有回转分度装置的钻模,用于加工扇形工件 8 上三个径向孔,孔间夹角

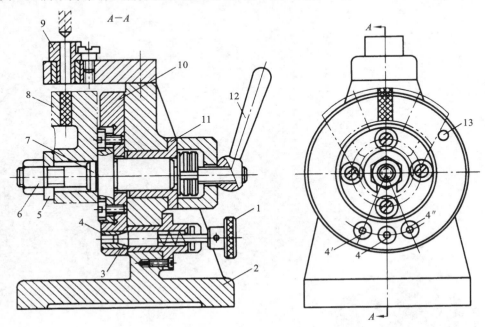

图 4-2　带有回转分度装置的钻模

1—把手;2—夹具体;3—对定销;4—定位套;5—开口垫圈;6—螺母;7—定位轴;
8—工件;9—钻套;10—分度盘;11—衬套;12—手柄;13—挡销

均为 20°±10′。工件以端面和内孔在定位轴 7 上定位,由螺母 6 和开口垫圈 5 夹紧。安装在夹具体 2 上的对定销 3 在弹簧的作用下插入分度盘 10 的定位套 4 中,以确定工件的加工位置。分度盘 10 的定位套数与工件的孔数相等,也是三个。转动手柄 12 将转体(包括定位轴、分度盘等元件)锁紧。

分度时,首先反向转动手柄 12 将转体松开,使其在衬套 11 的孔中能转动灵活,用手向外拉把手 1,将对定销 3 从分度盘中退出;其次将转体转动约 20°,对定销 3 又在弹簧的作用下插入分度盘的下一个定位套中,从而完成一次分度;最后转动手柄 12 锁紧转体,使定位稳定可靠。

二、分度装置的类型

1. 分度装置的分类

常见的分度装置有以下两类:

(1)回转分度装置。该装置对圆周角实现分度,又称圆分度装置,用于工件表面圆周分度孔或圆周分度槽的加工。

(2)直线分度装置。该装置对直线方向上的尺寸进行分度,其分度原理与回转分度装置相同。

由于回转分度装置在机械加工中应用广泛,且直线分度装置的工作原理与设计方法与回转分度装置相似,因此,本章主要以回转分度装置来说明一般分度装置的设计方法。

2. 回转分度装置分类

(1)按分度盘和对定销相对位置的不同,回转分度装置可分为两种基本形式——轴向分度和径向分度,如图 4-3 所示。

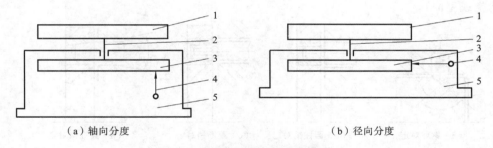

（a）轴向分度　　　　（b）径向分度

图 4-3　回转分度装置的基本形式

1—回转工作台;2—转轴;3—分度盘;4—对定销;5—夹具体

对于轴向分度,对定销 4 的运动方向与分度盘 3 的回转轴线平行,结构较紧凑;对于径向分度,对定销 4 的运动方向与分度盘 3 的回转轴线垂直,由于分度盘的回转直径较大,故能使分度误差相应减小,常用于分度精度较高的场合。

(2)按分度装置的使用特性,可分为通用和专用两大类。

在单件生产中,使用通用回转分度装置有利于缩短生产的准备周期,降低生产成本,如铣床通用夹具回转工作台和万能分度头。通用回转分度装置的分度精度较低,如 FW80 型万能分度头,采用速比 1∶40 的蜗杆蜗轮副,分度精度为 ±1′,故只能满足一般需要。在成批生产中广泛使用专用分度装置,以获得较高的分度精度和生产率。

当前,数控机床的应用在各生产单位得到极大的普及,利用数控机床的点定位功能简单编程即可方便地实现分度加工,需要使用分度装置的应用场合极大地减少了。

三、分度装置的结构

回转分度装置主要由固定部分、转动部分、分度对定机构及操纵机构和抬起锁紧机构等组成。

（1）固定部分是分度装置的基体，其功能相当于夹具体，常与夹具体做成一体。如图4-2中的夹具体2、衬套11等。

（2）转动部分包括回转盘和转轴等，其功能是实现工件的转位。如图4-2中的分度盘10、定位轴7等。

（3）分度对定机构及操纵机构由分度盘和对定销组成。其作用是在转盘转位后，使转盘相对于固定部分定位，保证工件正确的分度位置。分度盘有时与回转盘做成一体。如图4-2中的分度盘10、对定销3等。

（4）抬起锁紧机构的作用是：在分度对定后，将转动部分与固定部分锁紧，以增强分度装置工作时的刚度。如图4-2中的手柄12及其套筒垫等。大型分度装置还需设置抬起机构。

◀ 4.2 分度装置的设计 ▶

一、分度对定机构及操纵机构

1. 分度对定机构

分度对定机构的结构形式较多，如图4-4所示。回转式分度盘上开有与对定销相适应的孔或槽。轴向分度盘沿轴向开分度座孔（圆孔或锥孔），径向分度盘沿径向开分度槽（直槽、斜槽或型面）。

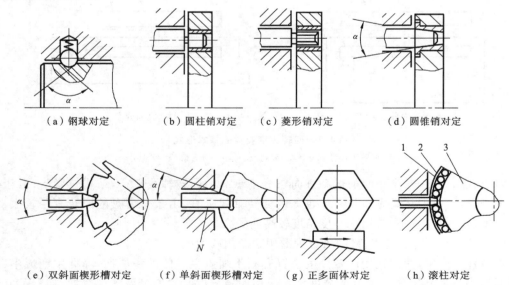

（a）钢球对定　　（b）圆柱销对定　　（c）菱形销对定　　（d）圆锥销对定

（e）双斜面楔形槽对定　　（f）单斜面楔形槽对定　　（g）正多面体对定　　（h）滚柱对定

图 4-4　分度对定机构

1—精密滚柱；2—套环；3—圆盘

（1）钢球对定。如图4-4(a)所示，它是依靠弹簧的弹力将钢球压入分度盘锥孔中实现分度定位的。钢球对定结构简单，在轴向分度和径向分度中均有应用，常用于切削负荷小且分度精度低的场合,也可以作为分度装置的预分度定位。

(2) 圆柱销对定。如图 4-4(b)所示,主要用于轴向分度。其结构简单,制造方便。缺点是分度精度低,一般为 $\pm 1' \sim \pm 10'$。

(3) 菱形销对定。如图 4-4(c)所示,由于菱形销能补偿分度盘分度孔的中心距误差,故结构工艺性良好。其应用特性与圆柱销对定相同。

(4) 圆锥销对定。如图 4-4(d)所示,主要用于轴向分度。圆锥销的圆锥角一般为 10°,其特点是圆锥面能实现自动定心,故分度精度较高,但对防尘要求较高。

(5) 双斜面楔形槽对定。如图 4-4(e)所示,斜面能自动消除间隙,有较高的分度精度。缺点是其分度盘的制造较复杂。

(6) 单斜面楔形槽对定。如图 4-4(f)所示,斜面产生的分力使分度盘始终反靠在平面上。图中面 N 为分度对定的基准面,只要其位置固定不变,就能获得很高的分度精度。常用于高精度的径向分度,分度精度可达到 $\pm 10''$ 左右。

(7) 正多面体对定。正多面体是具有精确角度的基准器件。图 4-4(g)所示为正六面体对定,能作 2、3、6 等分。其特点是制造容易,刚度好,分度精度高,但分度数不宜多。

(8) 滚柱对定。如图 4-4(h)所示,这种结构由圆盘 3、套环 2 和精密滚柱 1 构成,相间排列的滚柱构成分度槽。为提高分度盘的刚度,在滚柱与圆盘、套环之间应填充环氧树脂。对定销端部制成 10°锥角,此时分度精度较高。

2. 操纵机构

操纵机构的主要作用是使对定销从分度盘相应的孔或槽中拔出或插入,如图 4-5 所示。

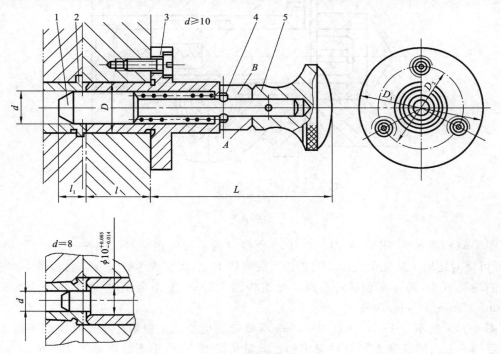

(a) 手拉式

图 4-5　分度对定的操纵机构

1、6、8—对定销;2—衬套;3—导套;4—横销;5—捏手;7—手柄;9—小齿轮

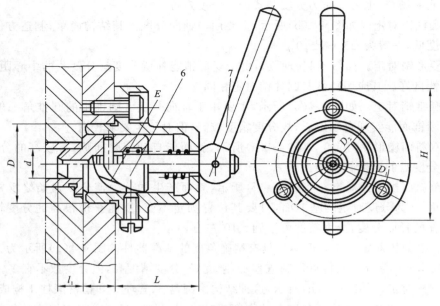

（b）枪栓式

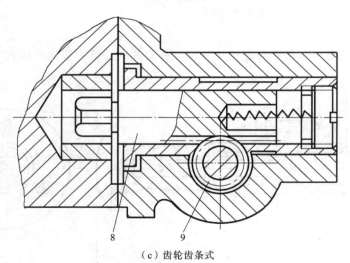

（c）齿轮齿条式

续图 4-5

  图 4-5(a)所示为 JB/T 8021.1—1999 所规定的手拉式定位器。操作时将捏手 5 向外拉,即可将对定销 1 从孔中拔出。当横销 4 脱离槽 B 后,可将捏手转过 90°,将横销 4 搁在导套 3 的端面 A 上,即可实现转位分度。此机构结构简单,工作可靠,主要参数 d 有 8 mm、10 mm、12mm、15 mm 四种。

  图 4-5(b)所示为 JB/T 8021.2—1999 所规定的枪栓式定位器。操作时转动手柄 7,利用对定销 6 上的螺旋槽 E 可移动对定销。此机构操纵方便,主要参数 d 有 12mm、15 mm、18 mm 三种。

  图 4-5(c)所示为齿轮齿条式操纵机构。操作时转动小齿轮 9,即可移动对定销 8 进行分度,操作方便,工作可靠。

二、抬起锁紧机构

大型分度装置在分度转位之前，为了使转盘转动灵活，需将转盘稍微抬起；在分度结束后，应将转盘锁紧，以增强分度装置的刚度和稳定性。为此需设置抬起锁紧机构，如图 4-6 所示。

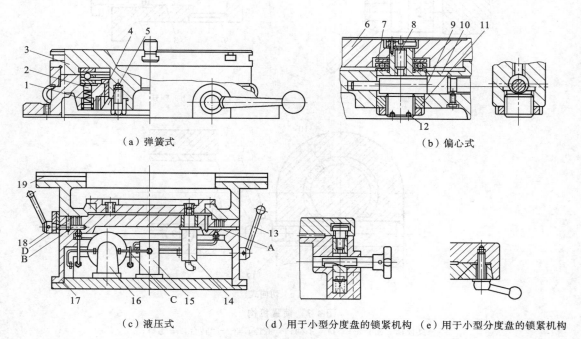

（a）弹簧式 （b）偏心式 （c）液压式 （d）用于小型分度盘的锁紧机构 （e）用于小型分度盘的锁紧机构

图 4-6 抬起锁紧机构

1—弹簧；2—顶柱；3—转盘；4—锁紧圈；5—锥形圈；6—回转盘；7—轴承；8—螺纹轴；9—圆偏心轴；10、17—转台；11—滑动套；12—螺钉；13—手柄；14—液压缸；15—回油系统；16—油路系统；18—锁紧装置；19—转盘

图 4-6（a）所示为弹簧式抬起锁紧机构，顶柱 2 通过弹簧 1 把转盘 3 抬起，转盘 3 转位后可用锁紧圈 4 和锥形圈 5 锁紧。

图 4-6（b）所示是偏心式抬起锁紧机构，转动圆偏心轴 9，经滑动套 11、轴承 7 把回转盘 6 抬起。反向转动圆偏心轴，经螺钉 12、滑动套 11 和螺纹轴 8，即可将回转盘锁紧。

图 4-6（c）所示为大型分度转盘，利用液体静压力将转盘 19 抬起。压力油经油口 C、油路系统 16、油孔 B，在静压槽 D 处产生静压力，抬起转盘 19；压力油经油口 A 和回油系统 15 排出。静压力使转盘抬起 0.1 mm。转盘 19 由锁紧装置 18 锁紧。

图 4-6（d）和图 4-6（e）所示为用于小型分度盘的锁紧机构。

除通常的螺杆、螺母锁紧机构外，锁紧机构还有其他多种结构形式，如图 4-7 所示。

图 4-7（a）所示为偏心式锁紧机构，转动手柄 3，偏心轮 2 通过支板 1 将回转台 5 压紧在底座 4 上。图 4-7（b）所示为楔式锁紧机构，通过带斜面的梯形压紧钉 9 将回转台 6 压紧在底座上。图 4-7（c）所示为切向式锁紧机构，转动手柄 11，使锁紧螺杆与锁紧套 12 相对运动，将转轴 10 锁紧。

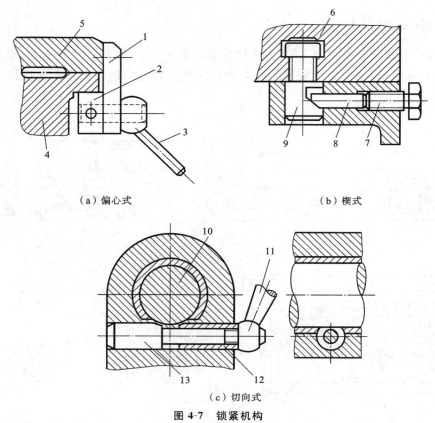

（a）偏心式　　　　　　　　　　　　　（b）楔式

（c）切向式

图 4-7　锁紧机构

1—支板；2—偏心轮；3、11—手柄；4—底座；5、6—回转台；7—螺钉；
8—滑柱；9—梯形压紧钉；10—转轴；12—锁紧套；13—锁紧螺杆

三、回转工作台

有些回转分度装置已设计成通用独立部件,称为回转工作台或回转台。在回转台工作表面上设有中心圆孔和 T 形槽,用于安装夹具。在设计专用夹具时,可以根据工件的加工要求和结构,仅设计夹具的其他部分,与通用回转台联合使用;也可以重新设计分度装置,使之与专用夹具成为一个整体。

如图 4-8 所示为立轴式通用回转台。转盘 2 和轴套 3 由螺钉固定在一起,它们可在转台体 1 的衬套 4 中转动。对定销 13 的下端有齿条与齿轮套 11 相啮合。逆时针转动手柄 9,由于螺纹的作用,手柄轴 10 向后移,松开锁紧圈 7,定位挡销 8 带动齿轮套 11 旋转,使对定销 13 从转盘的分度套 14 中退出,此时转盘即可自由分度。分度完成后,顺时针转动手柄 9,对定销 13 在弹簧 12 作用下插入新的定位孔中。与此同时,手柄轴 10 向前移动,将弹性开口锁紧圈 7 顶紧,其锥面迫使锥形圈 5 下降,使转盘 2 压紧在转台体 1 上,达到锁紧的目的。调整螺钉 6 可以调节锁紧程度。

从以上分析可以看出,分度回转台主要由以下四部分组成:

(1) 转动部分,如转盘 2;(2) 固定部分,如转台体 1;(3) 对定机构,如对定销 13 和分度套 14 等;(4) 锁紧机构,如手柄 9、手柄轴 10 及锁紧圈 7 等。

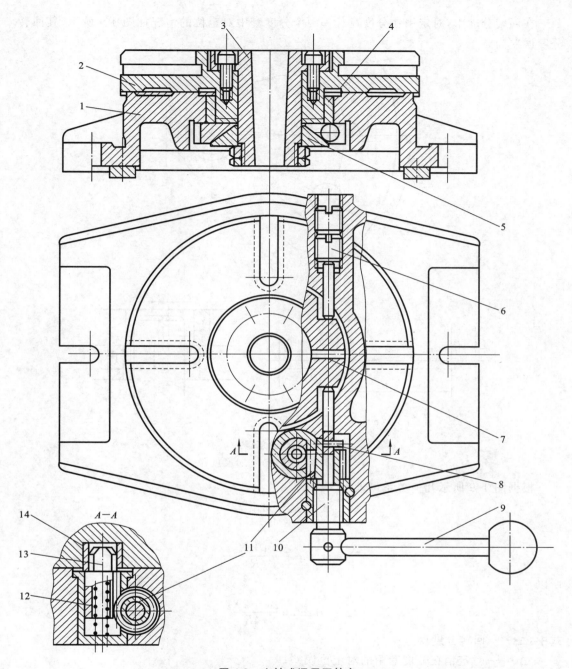

图 4-8　立轴式通用回转台

1—转台体;2—转盘;3—轴套;4—衬套;5—锥形圈;6—螺钉;7—锁紧圈;8—定位挡销;
9—手柄;10—手柄轴;11—齿轮套;12—弹簧;13—对定销;14—分度套

四、分度误差

　　分度装置中实际分度值与理论值之差称为分度误差。下面以圆柱销对定分度为例进行分析计算。

在回转分度中,对定销在分度盘上部两个分度套中对定位的情况如图 4-9 所示,其回转分度误差为 Δ_α。

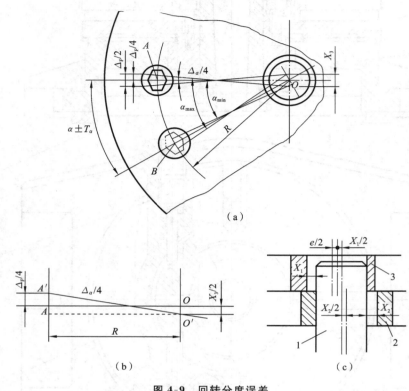

（a）

（b）　　　　　　　　　　（c）

图 4-9　回转分度误差

1—对定销；2—固定套；3—分度套

根据图 4-9 所示几何关系可求出

$$\Delta_\alpha = \alpha_{\max} - \alpha_{\min}$$

而

$$\frac{\Delta_\alpha}{4} = \arctan \frac{\Delta_F/4 + X_3/2}{R}$$

所以

$$\Delta_\alpha = 4\arctan \frac{\Delta_F + 2X_3}{4R} \tag{4-1}$$

式中：Δ_α——回转分度误差；

Δ_F——对定销在分度套中的对定位误差；

X_3——分度盘回转轴与轴承间的最大间隙；

R——回转中心到分度套中心的距离。

从图 4-9(c)可以看出,在对定位 A 孔时分度孔中心相对固定套中心的最大偏移量为 $\pm(X_1 + X_2 + e)/2$,同理在对定位 B 孔时,其最大偏移量也为 $\pm(X_1 + X_2 + e)/2$,同时分度盘 A、B 两孔间还存在孔距公差 $\pm\delta$,则对定销在分度套中的对定位误差为上述各项总计。用概率法计算得

$$\Delta_F = \pm \sqrt{\delta^2 + X_1^2 + X_2^2 + e^2} \tag{4-2}$$

式中：X_1——对定销与分度套的最大间隙；

X_2——对定销与固定套的最大间隙；

δ——分度盘相邻两孔角度公差所对应的弧长；

e——分度套的内外圆同轴度误差。

◀ 4.3 夹 具 体 ▶

机床夹具结构上的各种装置和元件是通过夹具体连接成一个整体的。因此，夹具体的形状及尺寸取决于夹具结构上各种装置的布置位置及夹具与机床的连接方式。

一、对夹具体的要求

1. 有适当的精度和尺寸稳定性

夹具上的重要表面，如安装定位元件的表面、安装对刀或导向元件的表面以及夹具的安装基面（与机床相连接的表面）等，应有适当的尺寸和形状精度，它们之间应有适当的位置精度。为使夹具尺寸稳定，铸造夹具体要进行时效处理，焊接和锻造夹具体要进行退火处理。

2. 结构工艺性好

夹具体应便于制造、装配和检验。铸造夹具体上安装各种元件的表面应铸出凸台，以减少加工面积。夹具体毛坯面与工件之间应留有足够的间隙，一般为 4～15 mm，夹具体的结构形式应便于工件的装卸，其一般结构形式如图 4-10 所示。

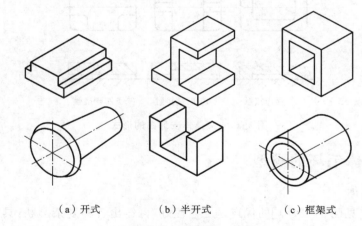

（a）开式　　　　（b）半开式　　　　（c）框架式

图 4-10　夹具体结构形式

3. 有足够的强度和刚度

加工过程中，夹具体要承受较大的切削力和夹紧力。为保证夹具不产生不允许的变形和振动，夹具体应有足够的强度和刚度。因此夹具体需有一定的壁厚，铸造和焊接夹具体常设置加强筋，或在不影响工件装卸的情况下采用框架式夹具体，如图 4-10(c)所示。

4. 排屑方便

切屑较多时，应在夹具体上考虑排屑结构。图 4-11(a)所示为在夹具体上部开设排屑槽；图 4-11(b)所示为在夹具体下部设置排屑斜面，斜角 α 可取 30°～50°。

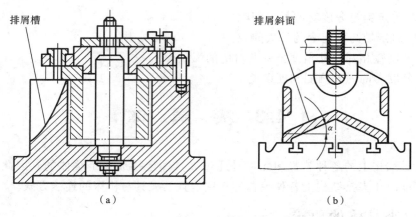

图 4-11　夹具体上设置排屑结构

5. 在机床上安装应稳定可靠

夹具在机床上的安装都是通过夹具体上的安装基面与机床上相应表面的接触或配合实现的。当夹具在机床工作台上安装时,夹具的重心应尽量低,重心越高则支承面应越大;夹具体底面四边应凸出,使夹具的安装基面与机床的工作台面接触良好。夹具安装基面的形式如图 4-12 所示,接触边或支脚的宽度应大于机床工作台梯形槽的宽度,应一次性加工出来,并保证一定的平面精度;当夹具在机床主轴上安装时,夹具体安装基面与主轴相应表面应有较高的配合精度,并保证夹具安装稳定可靠。

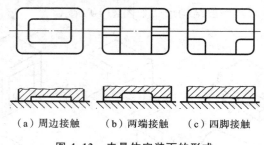

（a）周边接触　　　（b）两端接触　　　（c）四脚接触

图 4-12　夹具体安装面的形式

二、夹具体毛坯的类型

1. 铸造夹具体

铸造夹具体[见图 4-13(a)]的优点是工艺性好,可铸出各种复杂形状,具有较好的抗压强度、刚度和抗振性,但生产周期长,需经时效处理,以消除内应力。常用材料为灰铸铁(如 HT200),要求强度高时用铸钢(如 ZG270-500),要求质量轻时用铸铝(如 ZL104)。目前铸造夹具体应用较多。

2. 焊接夹具体

焊接夹具体[见图 4-13(b)]由钢板、型材焊接而成,这种夹具体制造方便、生产周期短、成本低、质量轻(壁厚比铸造夹具体薄)。但焊接夹具体的热应力较大,易变形,需经退火处理,以保证夹具体尺寸的稳定性。

3. 锻造夹具体

锻造夹具体[见图 4-13(c)]适用于形状简单、尺寸不大、要求强度和刚度大的场合。锻造夹具体也需经退火处理。此类夹具体目前应用较少。

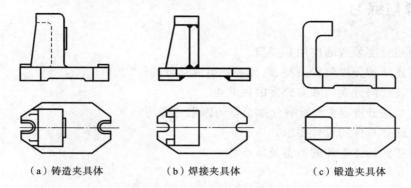

（a）铸造夹具体　　　（b）焊接夹具体　　　（c）锻造夹具体

图 4-13　夹具体毛坯的类型

4. 型材夹具体

小型夹具可以直接用板料、棒料、管料等型材加工装配而成。这类夹具体取材方便、生产周期短、成本低、质量轻，如各种心轴类夹具的夹具体。

5. 装配夹具体

装配夹具体如图 4-14 所示，由标准的零部件及个别非标准件通过螺钉、销钉连接组装而成。标准件由专业工厂生产，此类夹具体有制造成本低、周期短、精度高等优点，有利于夹具标准化、系列化，也便于计算机辅助设计。

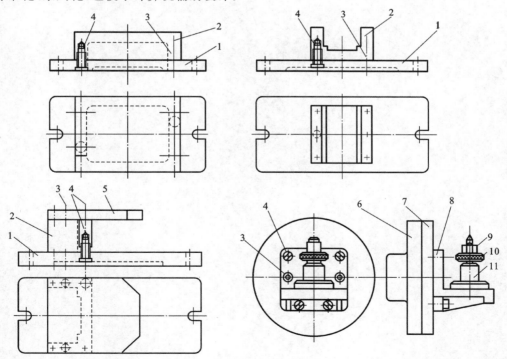

图 4-14　装配夹具体

1—底座；2—支承；3—销钉；4—螺钉；5—钻模板；6—过渡盘；

7—花盘；8—角铁；9—螺母；10—开口垫圈；11—定位心轴

思考与练习

4-1　简述分度装置的作用和类型。

4-2　简述回转分度装置类型、组成和各组成部分的作用。

4-3　简述径向分度与轴向分度的优缺点。

4-4　什么是分度误差？影响分度误差的因素有哪些？

4-5　简述夹具体的设计要求。

4-6　简述夹具体毛坯的类型及特点。

第 5 章
典型专用夹具设计

◀ **知识目标**

　　(1) 了解钻床夹具、铣床夹具、车床夹具和镗床夹具的特点和类型。

　　(2) 掌握钻床夹具、铣床夹具、车床夹具和镗床夹具的设计要点。

　　(3) 掌握专用夹具的设计方法。

　　(4) 了解夹具的制造特点及其保证精度的方法。

◀ **能力目标**

　　(1) 会根据工件的工序加工精度要求、生产类型等工艺条件选择夹具的结构形式。

　　(2) 能设计各种类型的机床夹具。

　　(3) 能基于加工精度分析计算对各类机床夹具进行合理有效设计。

◀ 5.1 钻床夹具设计 ▶

一、钻床夹具的类型

在钻床上进行孔加工(钻、扩、铰、锪及攻螺纹)所用的夹具统称钻床夹具,也称钻夹具或钻模。钻模上均应设置钻套和钻模板,用以引导刀具,这是钻床夹具的显著标志。钻模主要用于加工中等精度、尺寸较小的孔或孔系。使用钻模可提高孔及孔系间的位置精度,其结构简单、制造方便,因此钻模在各类机床夹具中占的比重最大。

钻模的结构形式很多,有固定式、移动式、回转式、翻转式、盖板式和滑柱式等。

1. 固定式钻模

固定式钻模在使用的过程中,其在机床上的位置是固定不动的。这类钻模加工精度较高,主要用于立式钻床上加工直径较大的单孔,或在摇臂钻床上加工平行孔系。

图 5-1(a)所示是某轴套零件钻孔加工工序的工序简图,孔 ϕ68H7 与两端面已加工完成。本工序需加工孔 ϕ12H7,要求孔中心至 N 面距离为(15±0.1) mm,与孔 ϕ8H7 轴线的垂直度公差为 0.05 mm,对称度公差为 0.1 mm。

为完成钻孔工序加工,保证加工精度的要求,采用如图 5-1(b)所示的固定式钻模。加工时选定工件的端面 N 和孔 ϕ68H7 圆柱表面为定位基面,分别在定位法兰 ϕ68h6 短外圆柱面和夹具的限位端面 N' 上定位,限制了工件 5 个自由度。

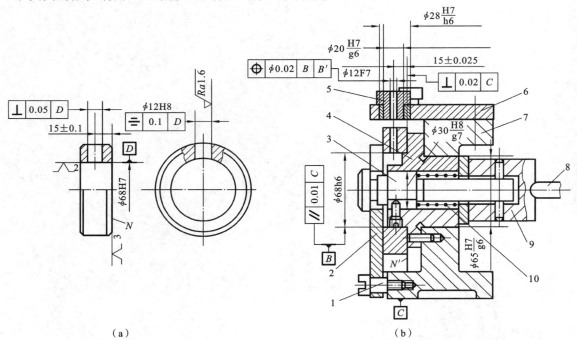

（a）　　　　　　　　　　（b）

图 5-1　固定式钻模

1—螺钉轴;2—可摆动开口垫圈;3—拉杆;4—定位法兰;5—快换钻套;
6—钻模板;7—夹具体;8—手柄;9—圆偏心轮;10—弹簧

工件定位后扳动手柄 8 借助圆偏心轮 9 的作用,通过拉杆 3 与可摆动开口垫圈 2 夹紧工件;反向搬动手柄 8,拉杆 3 在弹簧 10 的作用下左移,松开工件。为保证本工序的加工要求,在设计夹具和制订零件加工工艺规程时,采取以下措施。

(1) 孔 ϕ12H7 的尺寸精度与表面粗糙度由钻、扩、铰工艺和相应精度等级的铰刀保证。

(2) 孔的位置尺寸 (15±0.1) mm 由夹具上定位法兰 4 的限位端面 N' 至快换钻套 5 的中心线之间距离尺寸 (15±0.025) mm 保证。

(3) 对称度公差 0.1 mm 和垂直度公差 0.05 mm 由夹具的相应制造精度保证。

2. 移动式钻模

移动式钻模用于钻削中小型工件同一表面上的多个孔。如图 5-2 所示的钻模用于加工连杆大、小头上的孔。工件以端面及两头圆弧面为定位基面,在定位套 12 和 13 端面、固定 V 形块 2、活动 V 形块 7 上定位。先通过手轮推动活动 V 形块 7 压紧工件,再转动手轮 8 带动螺钉 11 转动,压迫钢球 10,使两半圆键 9 向外胀开而锁紧。移动钻模使钻头分别在钻套 4、5 中导入加工两孔。

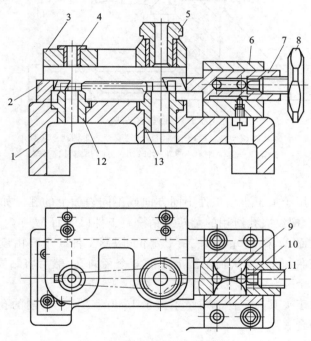

图 5-2　移动式钻模

1—夹具体;2—固定 V 形块;3—钻模板;4、5—钻套;6—支座;7—活动 V 形块;
8—手轮;9—半圆键;10—钢球;11—螺钉;12、13—定位套

3. 回转式钻模

带有回转式分度装置的钻模称为回转式钻模。按回转轴线的方向分类,回转式钻模有立轴回转、卧轴回转和斜轴回转三种基本形式。

图 5-3 所示为一卧轴回转式钻模的结构,用来加工工件上三个径向均布孔。在转盘 6 的圆周上有三个径向均布的钻套孔,其端面上有三个相对应的分度锥孔。钻孔前,对定销 2 在弹簧力的作用下插入分度锥孔中,反转手柄 5,螺套 4 通过锁紧螺母使转盘 6 锁紧在夹具体上。钻孔后,正转手柄 5 将转盘松开,同时螺套 4 上的端面凸轮将对定销拔出,进行分度,

直至对定销重新插入第二个锥孔,然后锁紧进行第二个孔的加工。

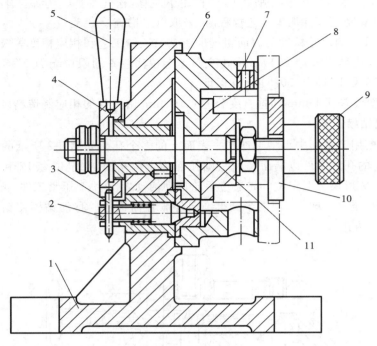

图 5-3 回转式钻模

1—夹具体;2—对定销;3—横销;4—螺套;5—手柄;6—转盘;
7—钻套;8—定位件;9—滚花螺母;10—开口垫圈;11—转轴

4. 翻转式钻模

翻转式钻模主要用于加工小型工件不同方向或不同表面上的孔。如图 5-4 所示为加工一个套类零件中 12 个螺纹底孔所用的翻转式钻模。工件以端面 M 和内孔 $\phi30H8$ 分别在夹具定位件 2 上的限位面 M' 和 $\phi30g6$ 圆柱销上定位,限制工件 5 个自由度,用开口垫圈 3、螺杆 4 和手轮 5 夹紧工件,翻转 6 次加工圆周上的 6 个径向孔,然后将钻模翻转为轴线直立,即可加工端面上的 6 个孔。

翻转式钻模适用于夹具与工件总质量不大于 10 kg、工件上钻削的孔径小于 10 mm、加工精度要求不高的场合。

5. 盖板式钻模

在一些大中型的工件上加工孔时,常用盖板式钻模。图 5-5 所示是为加工车床溜板箱上孔系而设计的盖板式钻模。工件在圆柱销 2、削边销 3 和三个支承钉 4 上定位。这类钻模可将钻套和定位元件直接装在钻模板上,无需夹具体,有时也无需夹紧装置,因此结构简单。但由于必须经常搬动,故需要设置手把或吊耳,并尽可能减轻重量,如图 5-5 所示钻模在不重要处挖出三个大圆孔以减轻重量。

6. 滑柱式钻模

滑柱式钻模是带有升降钻模板的通用可调夹具,如图 5-6 所示。钻模板 4 上除可安装钻套外,还装有可以在夹具体 3 的孔内上下移动的滑柱 1 及齿条滑柱 2,借助于齿条的上下移动,可对安装在底座平台上的工件进行夹紧或松开。为保证工件的加工与装卸,当钻模板

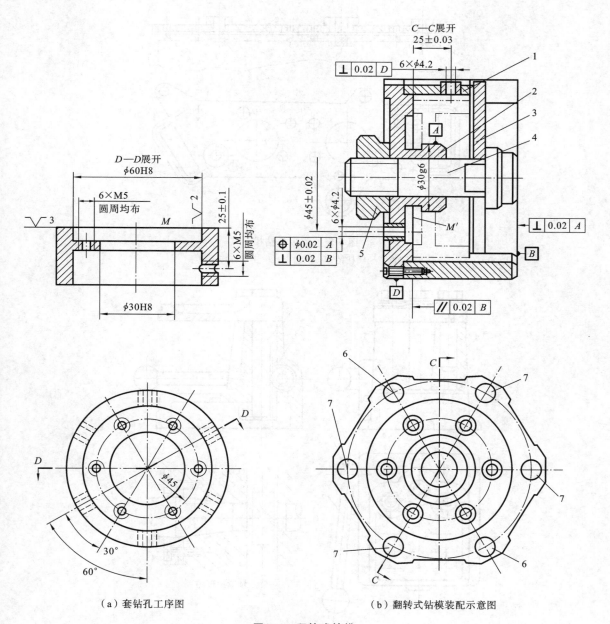

（a）套钻孔工序图　　　　　　　　　　（b）翻转式钻模装配示意图

图 5-4　翻转式钻模

1—夹具体；2—定位件；3—开口垫圈；4—螺杆；5—手轮；6—销；7—沉头螺钉

夹紧工件或升至一定高度后应能自锁。

图 5-6 右下角所示为圆锥锁紧机构的工作原理图。齿轮轴 5 的左端制成螺旋齿，与滑柱上的螺旋齿条相啮合，其螺旋角为 45°。轴的右端制成双向锥体，锥度为 1∶5，与夹具体 3 及套环 7 上的锥孔相配合。当钻模板下降夹紧工件时，在齿轮轴上产生轴向分力使锥体楔紧在夹具体的锥孔中实现自锁。当加工完毕，钻模板上升到一定高度，轴向分力使另一段锥体楔紧在套环 7 的锥孔中，将钻模板锁紧，以免钻模板因自重而下滑。

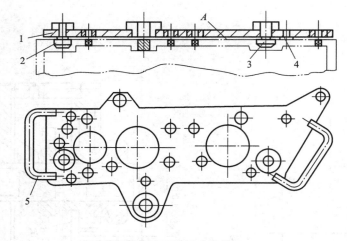

图 5-5　盖板式钻模

1—盖板；2—圆柱销；3—削边销；4—支承钉；5—把手

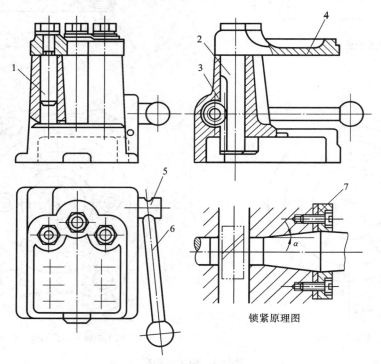

锁紧原理图

图 5-6　滑柱式钻模的通用结构

1—滑柱；2—齿条滑柱；3—夹具体；4—钻模板；5—齿轮轴；6—手柄；7—套环

二、钻床夹具设计要点

1. 选择钻模类型

在设计钻模时，需根据工件的尺寸、形状、质量和加工要求，以及生产批量、工厂的具体条件来考虑夹具的结构类型。

（1）工件上被钻孔的直径大于 10 mm 时（特别是钢件），钻床夹具应固定在机床工作台上,以保证操作安全。

（2）翻转式钻模和移动式钻模适用中小型工件的孔加工。夹具和工件的总质量不宜超过 10 kg,以减轻操作者的劳动强度。

（3）当加工多个不在同一圆周上的平行孔系时,如夹具和工件的总质量超过 15 kg,宜采用固定式钻模在摇臂钻床上加工,若生产批量大,可以在立式钻床或组合机床上采用多轴传动头进行加工。

（4）对于孔与端面精度要求不高的小型工件,可采用滑柱式钻模,以缩短夹具的设计与制造周期。对于垂直度公差小于 0.1 mm、孔距精度小于 ±0.15 mm 的工件,则不宜采用滑柱式钻模。

（5）钻模板与夹具体的连接不宜采用焊接的方法。这是因为焊接的应力不能彻底消除,影响夹具体制造精度和使用精度。

（6）当孔的位置尺寸精度要求较高时（其公差小于 ±0.05 mm）,则宜采用固定式钻模板和固定式钻套的结构形式。

2. 钻模板

用于安装钻套的钻模板,按其与夹具体连接的方式可分为固定式、铰链式、分离式等。

1）固定式钻模板

固定在夹具体上的钻模板称为固定式钻模板。这种钻模板结构简单,钻孔精度高。

2）铰链式钻模板

当钻模板妨碍工件装卸或钻孔后需攻螺纹时,可采用如图 5-7 所示的铰链式钻模板。销轴 2 与钻模板 4 的销孔采用 H7/h6 配合,与铰链座 1 的销孔采用 N7/h6 配合,钻模板 4 与铰链座 1 采用 H8/g7 配合。由于铰链结构存在间隙,所以加工精度低于固定式钻模板。

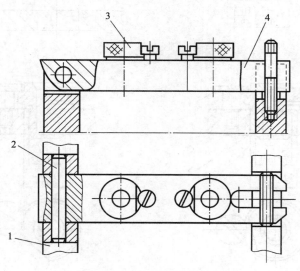

图 5-7　铰链式钻模板

1—铰链座;2—销轴;3—钻套;4—钻模板

3）分离式钻模板

工件在夹具中每装卸一次,钻模板也要装卸一次。这种钻模板加工的工件精度较高但装卸工件效率低。

3. 钻套

钻套安装在钻模板上，其作用是确定工件上被加工孔的位置，引导刀具进行加工，并提高刀具在加工过程中的刚性和防止加工中的振动。钻模的对刀是通过钻套引导实现的。

1）钻套的种类

钻套按其结构和使用情况，可分为固定钻套、可换钻套、快换钻套和特殊钻套等四种类型。

（1）固定钻套可分 A、B 型两种，如图 5-8(a)、图 5-8(b) 所示。钻套安装在钻模板或夹具体中，采用 $\dfrac{H7}{n6}$ 或 $\dfrac{H7}{r6}$ 配合。固定钻套结构简单，钻孔的位置精度高，主要用于中小批量生产。

（2）可换钻套如图 5-8(c) 所示。钻套 1 的外圆与衬套采用 $\dfrac{H7}{g6}$ 或 $\dfrac{H7}{h6}$ 配合，衬套 2 与钻模板 3 采用 $\dfrac{H7}{r6}$ 配合。可换钻套用螺钉 4 加以固定，防止加工过程中钻套转动及退刀时钻套随钻头的退回而被带出。当可换钻套磨损报废后，可卸下螺钉 4，更换新的钻套。

（3）快换钻套如图 5-8(d) 所示。当工件上被加工的孔需要在一次装夹下依次进行钻、扩、铰孔加工时，由于刀具直径逐渐增大，需采用外径相同而内孔尺寸随刀具改变的钻套来引导刀具。这就需用快换钻套，以减少更换钻套的时间。快换钻套外圆与衬套也采用 $\dfrac{H7}{g6}$ 或 $\dfrac{H7}{h6}$ 配合，

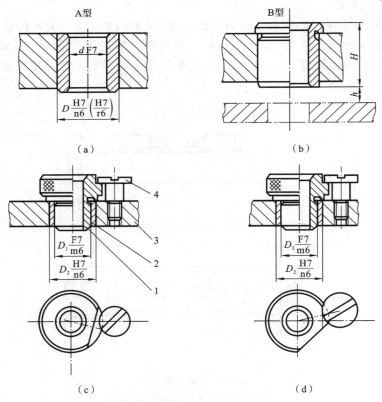

图 5-8　标准钻套的应用

1—钻套；2—衬套；3—钻模板；4—螺钉

其紧固螺钉的凸肩比钻套台肩略高,形成轴向间隙,这样取出钻套时无须松开螺钉,只需将快换钻套逆时针方向转一角度,当钻套削边处正对螺钉头部时,即可卸下快换钻套。实际加工中,钻孔完毕后只需将主轴反转,即可通过钻头抬刀带出钻套,使用快速方便。

以上三种钻套均已标准化,故也称为标准钻套,其规格及尺寸参数可参阅有关国家标准(JB/T 8045.1—1999、JB/T 8045.2—1999、JB/T 8045.3—1999、JB/T 8045.4—1999)和夹具设计手册。

(4) 特殊钻套如图 5-9 所示。由于工件的结构形状和被加工孔所处位置的特殊性,限制了标准钻套的使用,此时,需要设计特殊结构形式的钻套。

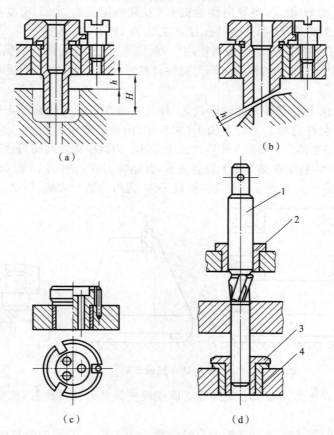

图 5-9　特殊钻套
1—刀杆;2—上钻套;3—下钻套;4—衬套

图 5-9(a)所示为加长钻套,在加工凹面内孔的情况下使用。为减少刀具与钻套工作孔的摩擦,可将钻套引导高度 H 以上的孔径放大;图 5-9(b)所示钻套用于在斜面或圆弧面上钻孔;图 5-9(c)所示为小孔距钻套;图 5-9(d)为上、下钻套导引刀具的情况,一般用于加工较深孔或有较高位置精度要求的孔。使用下钻套时,应注意防止切屑落在刀杆与钻套孔之间,刀杆与钻套选用 $\dfrac{H7}{h6}$ 配合。

2) 钻套结构尺寸的确定

钻套的类型选定之后,需确定钻套内孔的尺寸、公差及其他相关结构尺寸。

钻套内孔 d 的尺寸及公差是根据刀具的种类和被加工孔的尺寸精度来确定的。钻套内孔的基本尺寸取刀具的最大极限尺寸,钻套孔径公差按 F8 或 G7 制造,若被加工孔的尺寸精度高于 IT8 时,则按 F7 或 G6 制造。

例如,被加工孔为 $\phi15H7$,分钻、扩、铰三个工步完成,所用刀具及快换钻套孔径的尺寸公差如下:

麻花钻头尺寸为 $\phi13.3$ mm,上偏差为 0,钻套孔径尺寸为 $\phi13.3F8=\phi13.3^{+0.040}_{+0.016}$ mm;

扩孔钻尺寸为 $\phi15^{-0.21}_{-0.25}$ mm,扩套孔径尺寸为 $\phi14.79F8=\phi14.79^{+0.040}_{+0.016}$ mm;

铰刀尺寸为 $\phi15^{+0.015}_{+0.007}$ mm,铰套孔径尺寸为 $\phi15.015G6$($\phi15.015^{+0.017}_{+0.006}$ mm)= $\phi15^{+0.032}_{+0.021}$ mm。

钻套的导向长度 H 增大,则导向性能提高,刀具刚度提高,加工精度高,但钻套与刀具间的磨损加剧。一般常取 H 和钻套的孔径 d 之比为 $1\sim1.25$。

钻套端面与工件的间距 h 是起排屑作用的,此值不宜过大,否则影响钻套的导向作用,一般取为 $h=(1/3\sim1)d$。加工铸铁或黄铜等脆性材料时,h 取小值;加工钢质工件时,h 取大值。

4. 钻模安装

一般夹具在机床上的安装有两种形式,一种是安装在机床工作台面上(如铣床、镗床、钻床等);另一种是安装在机床的回转主轴上(如车床、内外圆磨床等)。

钻模是一种安装在钻床工作台上使用的机床夹具。为减少夹具底面与钻床工作台的接触面积,使夹具平稳放置,一般要在夹具体上设置支脚,其结构形式如图 5-10 所示。根据需要,支脚截面可采用矩形或圆形。支脚可与夹具体做成一体,也可为装配式的,但要注意以下几点。

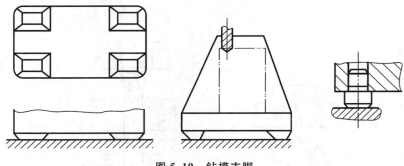

图 5-10　钻模支脚

(1) 支脚必须有 4 个。有 4 个支脚能立即发现夹具是否异常放置,比如某个支脚异常放入孔、槽或凹坑中。

(2) 矩形支脚的宽度或圆形支脚的直径必须大于工作台 T 形槽的宽度,以免陷入其中。

(3) 夹具的重心、钻削压力必须落在 4 个支脚所形成的支承面内。

(4) 钻套轴线应与支脚所形成的支承面垂直或平行,使钻头能正常工作,防止其折断,同时还能保证被加工孔的位置精度。

装配支脚已标准化,具体结构尺寸可参见支脚标准 JB/T 8028.1—1999、JB/T 8028.2—1999 和夹具设计手册。

5. 钻模对刀误差 $\triangle_T$ 的计算

如图 5-11 所示,刀具与钻套的配合间隙会引起刀具的偏斜,最终导致加工孔的位置发生偏移,偏移量用 X_2 表示,则有

$$X_2=\frac{B+h+\dfrac{H}{2}}{H}\cdot X_{\max}$$

(5-1)

式中：B——工件厚度（mm）；

　　　H——钻套高度（mm）；

　　　h——排屑空间的高度（mm）；

　　　X_{max}——刀具与钻套的最大配合间隙（mm）。

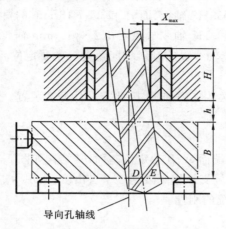

图 5-11　钻模的对刀误差

工件厚时，按 X_2 计算对刀误差，$\Delta_T = X_2$；工件薄时，按 X_{max} 计算对刀误差，$\Delta_T = X_{max}$。

实践证明，用钻模钻孔时，由于钻套的约束，加工孔的偏移量远小于上述理论计算值，加工孔的中心很接近钻套的中心。

三、钻模设计实例

图 5-12 所示为托架零件钻孔工序简图，工件的材料为铸铝，年产 2000 件（中批量生产），孔 ϕ33H7 及其两端面 A、C 和两侧面 B 为已加工面。本工序加工螺孔 $2 \times$M12 的底孔 ϕ10 mm，试设计其钻模。

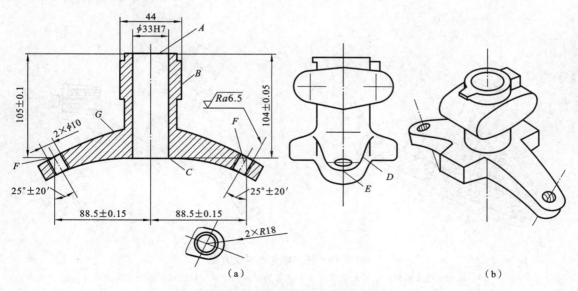

（a）　　　　　　　　　　　　　　　　　（b）

图 5-12　托架零件钻孔工序简图

工件的工序加工要求如下：

(1) $2\times\phi10$ mm 孔轴线与孔 $\phi33$H7 轴线夹角为 $25°\pm20'$；

(2) $2\times\phi10$ mm 孔到孔 $\phi3$ 轴线的距离为 (88.5 ± 0.15) mm；

(3) 两加工孔对 $2\times R18$ mm 轴线组成的中心面对称(未注公差)。

加工孔的工序基准为 $\phi33$H7 轴线、面 A 和 $2\times R18$ mm 的对称面。

由于主要工序基准孔 $\phi33$H7 轴线与加工孔 $2\times\phi10$ mm 轴线具有 $25°\pm20'$ 的倾斜角，因此主要限位基准轴线与钻套轴线也应倾斜相同角度。主要定位元件的轴线与钻套倾斜的钻模称为斜孔钻模。

$2\times\phi10$ mm 孔应在一次装夹中加工，因此需设计分度装置。工件加工部位刚度较差，设计时应给予注意。

1. 定位方案选择

方案 1：选孔 $\phi33$H7 及端面 A、B 为定位基面，其结构如图 5-13(a)所示。用心轴及其端面限制五个自由度，活动定位支承板 1 限制一个自由度，实现六点定位。加工部位加两个辅助支承钉 2，以增加工艺系统的刚性。

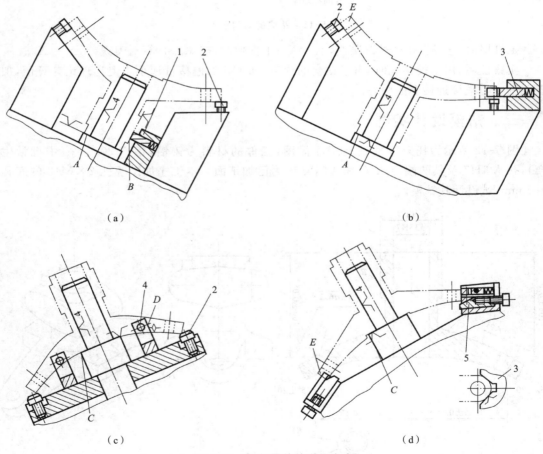

图 5-13 托架零件的定位方案

1—活动定位支承板；2—辅助支承钉；3—活动 V 形块；4—调节螺钉；5—斜楔辅助支承

此方案的定位基准 B 与工序基准不重合，结构不紧凑，夹紧装置与导向装置易互相干扰。

方案 2:选孔 $\phi33H7$、面 A 及 $R18$ mm 的圆弧面作定位基面,其结构如图 5-13(b)所示。心轴及其端面限制五个自由度,在 $R18$ mm 处用活动 V 形块 3 限制一个自由度,加工部位也设置两个辅助支承钉 2。

此方案定位基准与工序基准完全重合且定位误差小,但夹紧装置与导向装置易互相干扰,而且会导致夹具的结构较大。

方案 3:选孔 $\phi33H7$、面 C、面 D 作定位基面,其结构如图 5-13(c)所示。心轴及其端面限制五个自由度,两侧面设置四个调节螺钉 4,其中一个起定位作用限制一个自由度,其他三个起辅助夹紧作用,加工孔下方同样设置两个辅助支承钉 2。

此方案结构紧凑,使用了辅助夹紧机构,进一步提高了工艺系统的刚度,但定位基准 C 及 D 与工序基准不重合,并且工件装卸不方便。

方案 4:选孔 $\phi33H7$、面 C 及 $R18$ mm 的圆弧面为定位基面,其结构如图 5-13(d)所示。心轴及其端面限制五个自由度,在 $R18$ mm 处用活动 V 形块 3 限制一个自由度,在加工孔下方用两个斜楔作辅助支承。

此方案结构紧凑,工件装夹方便,但定位基准 C 与工序基准不重合。

四个方案比较,第四个方案优点较多,可选取此定位方案。

2. 导向方案选择

由于两个加工孔是螺纹底孔,可直接钻出,加之年产量也不大,宜用固定钻套。在工件装卸方便的情况下,尽可能选用固定式钻模板,导向方案如图 5-14(a)所示。

3. 夹紧方案选择

为便于快速装卸工件,宜采用螺钉及开口垫圈夹紧机构,如图 5-14(b)所示。

4. 分度方案选择

由于孔 $2\times\phi10$ mm 对孔 $\phi33H7$ 的对称度要求不高(未标注公差),设计一般精度的分度装置就能满足要求。如图 5-14(c)所示,回转轴 1 与定位心轴做成一体,用销钉与分度盘 3 连接,在夹具体 6 的回转套 5 中回转。采用圆柱对定销 2 对定,锁紧螺母 4 锁紧。此分度装置结构简单,制造方便,能满足加工要求。

5. 夹具体

选用焊接夹具体,夹具体上安装分度盘的表面与夹具体底面成 $25°\pm10'$ 倾斜角,夹具体底面支脚尺寸应大于钻床 T 形槽宽度尺寸。

图 5-15 所示是托架零件钻模的总图。由于工件可随分度装置转出,因此装卸很方便。

6. 斜孔钻模上工艺孔的设置与计算

在斜孔钻模上,限位基准与钻套轴线倾斜,其相互位置无法直接标注和测量,为此,常在夹具的适当部位设置工艺孔,利用此孔间接确定钻套与定位元件之间的尺寸,以保证加工精度。如图 5-15 所示,在夹具体斜板的侧面设置了工艺孔 $\phi10H7$。

工艺孔的设置应注意以下几点。

(1)工艺孔的位置必须便于加工和测量,一般设置在夹具体的暴露面上。

(2)工艺孔的位置必须便于计算,一般设置在定位元件轴心线上或钻套轴心线上,在两者交点上更好。

(3)工艺孔尺寸应选与标准心棒相配套的尺寸,一般为 $\phi6$ mm、$\phi8$ mm 和 $\phi10$ mm,与标准心棒采用 H7/h6 配合。

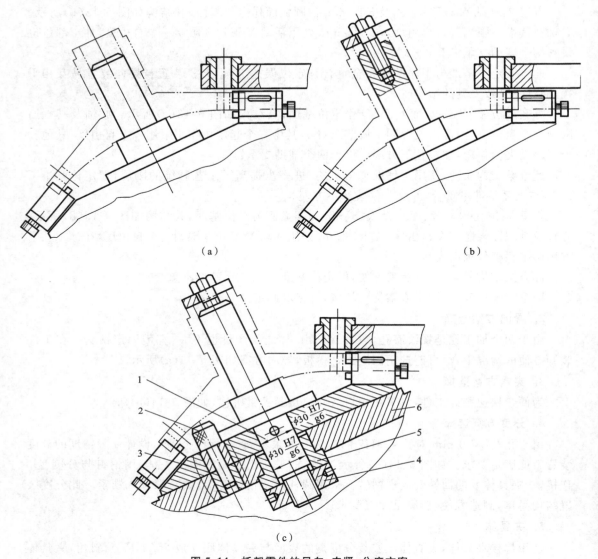

（a）   （b）

（c）

图 5-14 托架零件的导向、夹紧、分度方案
1—回转轴；2—圆柱对定销；3—分度盘；4—锁紧螺母；5—回转套；6—夹具体

本方案的工艺孔符合以上原则。工艺孔到限位基面的距离取为 $L = 75$ mm。根据图 5-16所示的几何关系，可以求出工艺孔到钻套轴线的距离 l。

$$l = BD = BF\cos\alpha$$
$$= [AF - (OE - EA)\tan\alpha]\cos\alpha$$
$$= [88.5 \text{ mm} - (75 \text{ mm} - 1 \text{ mm}) \times \tan25°]\cos25°$$
$$= 48.94 \text{ mm}$$

在夹具制造时通过控制(75 ± 0.05) mm 及(48.94 ± 0.05) mm 两个尺寸，即可间接地保证尺寸(88.5 ± 0.15) mm 要求。

7. 总图上尺寸、公差及技术要求的标注

如图 5-15 所示，主要标注尺寸和技术要求如下。

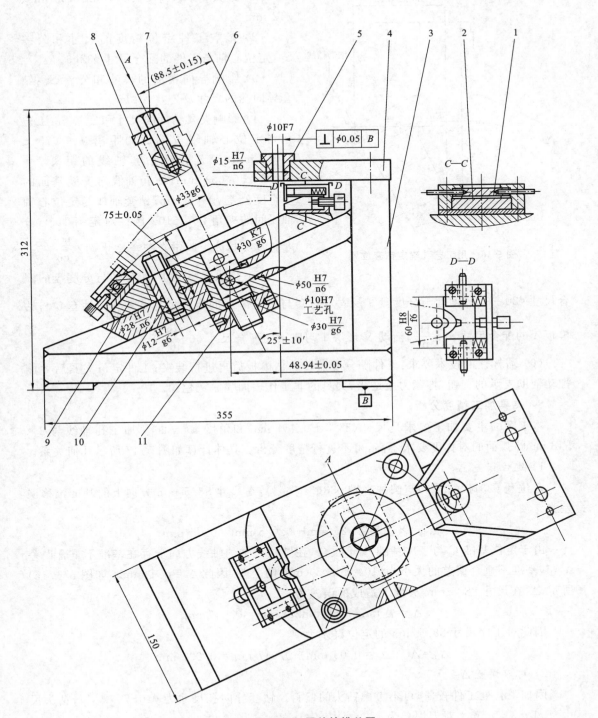

图 5-15 托架零件钻模总图

1—活动 V 形块;2—斜楔辅助支承;3—夹具体;4—钻模板;5—钻套;6—定位心轴;
7—夹紧螺钉;8—开口垫圈;9—分度盘;10—圆柱对定销;11—锁紧螺母

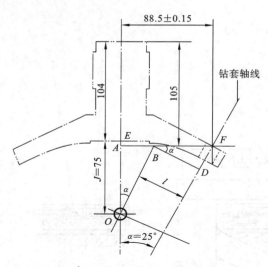

图 5-16 用工艺孔确定钻套位置

（1）最大轮廓尺寸 S_L：355 mm、150 mm、312 mm。

（2）影响工件定位精度的尺寸和公差 S_D：定位心轴与工件的配合尺寸 $\phi 33g6$。

（3）影响导向精度的尺寸和公差 S_T：钻套导向孔的尺寸及公差 $\phi 10F7$。

（4）影响夹具精度的尺寸和公差 S_J：工艺孔到定位心轴限位端面的距离 $J=(75\pm0.05)$ mm；工艺孔到钻套轴线的距离 $l=(48.94\pm0.05)$ mm；钻套轴线对安装基面的垂直度公差 $\phi 0.05$ mm；钻套轴线与定位心轴轴线间的夹角 $25°\pm10'$；圆柱对定销 10 与分度套及夹具体上固定套配合尺寸 $\phi 12\dfrac{H7}{g6}$。

（5）其他重要尺寸：回转轴与分度盘的配合尺寸 $\phi 30\dfrac{K6}{g6}$；分度套与分度盘 9 及固定衬套与夹具体 3 的配合尺寸 $\phi 28\dfrac{H7}{n6}$；钻套 5 与钻模板 4 的配合尺寸 $\phi 15\dfrac{H7}{n6}$；活动 V 形块 1 与座架的配合尺寸 $60\dfrac{H8}{f6}$ 等。

（6）需标注的技术要求：工件随分度盘转离钻模板后再进行装夹；工件定位夹紧后才能拧动辅助支承的旋钮，拧紧力应适当；夹具的非工作表面喷涂灰色漆。

8. 夹具加工精度分析

本工序的主要加工要求是尺寸 (88.5 ± 0.15) mm 和角度 $25°\pm20'$。加工孔轴线与 $2\times R18$ mm 圆弧面的对称度要求不高，可不进行精度分析。具体计算如图 5-17 所示几何关系。

1）定位误差 Δ_D

定位孔 $\phi 33H7\binom{+0.025}{0}$ 与圆柱心轴 $\phi 33g6\binom{-0.009}{-0.025}$，在尺寸 88.5 mm 方向上的基准位移误差为

$$\Delta_Y = X_{max} = 0.025\text{ mm} + 0.025\text{ mm} = 0.05\text{ mm}$$

由于定位基准 C 与工序基准 A 不重合，在圆柱心轴的轴线方向上存在基准不重合误差 Δ_B，其基准不重合误差的大小为 (104 ± 0.05) mm 的公差，因此 $\Delta_i=0.1$ mm。如图 5-17(a) 所示，Δ_i 在尺寸 88.5 mm 方向上造成的误差为

$$\Delta_B = \Delta_i \tan\alpha = 0.1\tan25°\text{ mm} = 0.047\text{ mm}$$

因此对工序尺寸 88.5 mm 的定位误差为

$$\Delta_D = \Delta_Y + \Delta_B = 0.05\text{ mm} + 0.047\text{ mm} = 0.097\text{ mm}$$

2）对刀误差 Δ_T

因加工孔处工件较薄，可不考虑钻头的偏斜。钻套导向孔尺寸为 $\phi 10F7\binom{+0.028}{+0.013}$；钻头尺寸为 $\phi 10^{\ 0}_{-0.036}$ mm。对刀误差为

$$\Delta'_T = 0.028\text{ mm} + 0.036\text{ mm} = 0.064\text{ mm}$$

在尺寸 88.5 mm 方向上的对刀误差如图 5-17(b) 所示，即有

$$\Delta_T = \Delta'_T \cos\alpha = 0.064\cos25°\text{ mm} = 0.058\text{ mm}$$

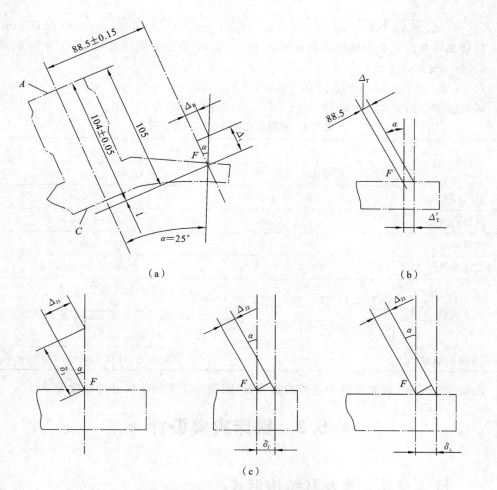

（a）　　　　　　　　　　　（b）

（c）

图 5-17　各项误差对加工尺寸的影响

3）安装误差 Δ_A

因为刀具导向加工，所以安装误差 $\Delta_A=0$。

4）夹具误差 Δ_J

它由以下几项组成：

尺寸 J 的公差 $\delta_J=\pm0.05$ mm，如图 5-17（c）所示，它在尺寸 88.5 mm 方向上产生的误差为

$$\Delta_{J1}=\delta_J\tan\alpha=0.1\tan25°\text{ mm}=0.046\text{ mm}$$

尺寸 l 的公差 $\delta_l=\pm0.05$ mm，它在尺寸 88.5 mm 方向上产生的误差为

$$\Delta_{J2}=\delta_l\cos\alpha=0.1\cos25°\text{ mm}=0.09\text{ mm}$$

钻套轴线对底面的垂直度公差 $\delta_\perp=\phi0.05$ mm，它在尺寸 88.5 mm 方向上产生的误差为

$$\Delta_{J3}=\delta_\perp\cos\alpha=0.05\cos25°\text{ mm}=0.045\text{ mm}$$

回转轴与夹具体回转套的配合间隙给尺寸 88.5 mm 造成的误差为

$$\Delta_{J4}=X_{\max}=0.021\text{ mm}+0.02\text{ mm}=0.041\text{ mm}$$

故

$$\Delta_J = \sqrt{\Delta_{J1}^2 + \Delta_{J2}^2 + \Delta_{J3}^2 + \Delta_{J4}^2} = \sqrt{0.046^2 + 0.09^2 + 0.045^2 + 0.041^2}\ \text{mm} = 0.118\ \text{mm}$$

钻套轴线与定位心轴轴线的角度误差 $\Delta_{Ja} = 20'$，它直接影响角度尺寸 $25° \pm 20'$ 的精度。

5）加工过程误差 Δ_G

对于（88.5±0.15）mm，$\Delta_G = 0.3\ \text{mm} \div 3 = 0.1(\text{mm})$；

对角度 $25° \pm 20'$，$\Delta_{Ga} = 40' \div 3 = 13.3'$。具体计算列于表 5-1 中。

表 5-1　托架斜孔钻模加工精度计算

误差名称	加工要求	
	角度 25°±20′	孔距（88.5±0.15）mm
定位误差 Δ_D	0	0.097 mm
对刀误差 Δ_T	0	0.058 mm
夹具误差 Δ_J	20′	0.118 mm
加工过程误差 Δ_G	13.3′	0.01 mm
加工总误差 $\sum\Delta$	$\sum\Delta = \sqrt{\Delta_D^2 + \Delta_T^2 + \Delta_J^2 + \Delta_G^2}$ $= \sqrt{20^2 + 13.3^2} = 24'$	$\sum\Delta = \sqrt{\Delta_D^2 + \Delta_T^2 + \Delta_J^2 + \Delta_G^2}$ $= \sqrt{0.097^2 + 0.058^2 + 0.118^2 + 0.1^2}\ \text{mm}$ $= 0.192\ \text{mm}$
夹具精度储备量 J_C	40′−24′=16′>0	0.3 mm−0.192 mm=0.108 mm>0

由表 5-1 可知，该夹具有一定的精度储备，能满足工序加工尺寸的精度要求。

◀ 5.2　铣床夹具设计 ▶

一、铣床夹具分类及其结构形式

铣床夹具主要用于铣削加工零件上的平面、键槽、台阶及成形表面等。由于铣削加工的切削力较大，又是断续切削，加工中易引起振动，因此要求铣床夹具的受力元件要有足够的强度和刚度。夹具的夹紧力应足够大，且有较好的自锁性。此外，铣床夹具一般通过对刀装置确定刀具与工件的相对位置，其夹具体底面大多设有定位键，通过定位键与铣床工作台 T 形槽的配合来确定夹具在机床上的方位。夹具安装后用螺栓紧固在铣床的工作台上。

铣床夹具一般按工件的进给方式，分为直线进给与圆周进给两种类型。

1. 直线进给的铣床夹具

在铣床夹具中，这类夹具用得最多，一般根据工件加工要求、结构及生产批量，将夹具设计成装夹单件、多件串联或多件并联的结构，铣床夹具也可采用分度等形式。

图 5-18 所示是铣削垫块上直角的直线进给式夹具。工件以底面、槽及端面在夹具体 3 和定位块 6 上定位。拧紧螺母 5，通过螺杆带动浮动杠杆 10，即能使两副压板 4、8 均匀地同时夹紧工件。该夹具可同时加工三个工件，提高了生产率。工件的加工要求由夹具相应的精度来保证。

2. 圆周进给的铣床夹具

圆周进给铣削方式在不停车的情况下装卸工件，因此，生产率高，适用于大批量生产。

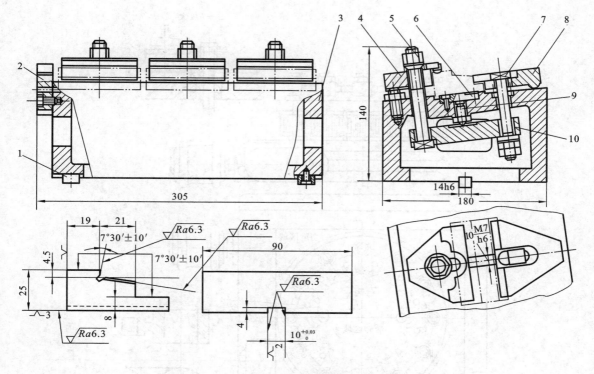

图 5-18 铣削垫块直角面夹具

1—定向键；2—对刀块；3—夹具体；4、8—压板；5—螺母；6—定位块；7—螺栓；9—支承钉；10—浮动杠杆

图 5-19 所示是在立式铣床上圆周进给铣拨叉的夹具。通过电动机、蜗轮副传动机构带动回转工作台 6 回转。夹具上可同时装夹 12 个工件。工件以一端的孔、端面及侧面在夹具的定位板、定位销 2 及挡销 4 上定位。由液压缸 5 驱动拉杆 1，通过开口垫圈 3 夹紧工件。图中 AB 是切削区域，CD 为工件的装卸区域。

设计圆周铣床夹具时应注意下列问题：

(1) 沿圆周排列的工件应尽量紧凑，以减少铣刀的空行程和转台的尺寸。

(2) 尺寸较大的夹具不宜制成整体式，可将定位、夹紧元件或装置直接安装在转台上。

(3) 夹紧用手柄、螺母等元件，最好沿转台外沿分布，以便操作。

(4) 应设计合适的工作节拍，以减轻操作者的劳动强度，并注意安全。

二、铣床夹具设计要点

1. 夹具体

为提高铣床夹具在铣床上安装的稳固性，除要求夹具体有足够的强度和刚度外，还应使被加工表面尽量靠近工作台面，以降低夹具的重心。因此，夹具体的高宽比 H/B 应限制在 1～1.25 范围内，如图 5-20 所示。

铣床夹具与工作台的连接部分称为耳座，因连接要牢固稳定，故夹具上耳座两边的表面要加工平整，为此常在该处设置一凸台，以便于加工，如图 5-20(a) 所示，台面也可以沉下去，如图 5-20(b) 所示。若夹具体的宽度尺寸较大时，可设置 4 个耳座，但耳座间的距离一定要与铣床工作台的 T 形槽间的距离相一致。耳座的结构尺寸已标准化，设计时可参考有关设

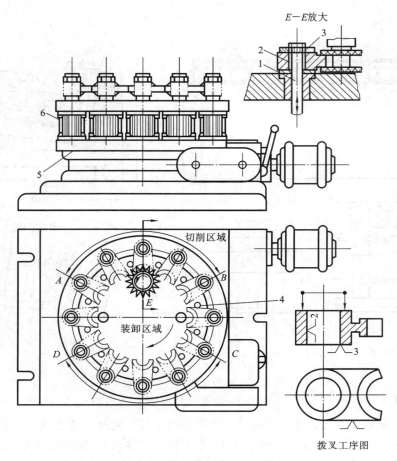

图 5-19 圆周进给铣床夹具

1—拉杆；2—定位销；3—开口垫圈；4—挡销；5—液压缸；6—工作台

计手册。

2. 铣床夹具在铣床上的安装方式及连接元件

铣床夹具是一种安装在铣床工作台上的夹具，夹具体的底面便是夹具的安装基准面，因此夹具体底面应经过比较精密的加工（如磨、刮研等），为保证夹具的定位元件相对于切削运动方向准确，有时在夹具的底面下安装两个定位键，或在夹具体侧面加工一窄长找正面以便于安装夹具时找正。

定位键结构尺寸已经标准化，如图 5-21 所示，有 A 型、B 型两种结构形式。定位键与工作台的 T 形槽采用 H8/h8 或 H7/h6 配合，与夹具体上键槽选择 H7/h6 或 JS6/h6 配合。定位键的材料为 45 钢，热处理硬度为 40～45 HRC。定位键的结构尺寸可参见有关的夹具设计手册。

为了提高夹具安装精度，两个定位键间距尽可能布置远些；为避免定位键与 T 形槽间配合间隙对安装精度的影响，在精度要求较高时，可以将定位键紧靠工作台 T 形槽的一侧，使定位元件的工作表面相对工作台的进给方向有正确的位置。

3. 对刀元件

对刀元件主要由对刀块和塞尺组成，用以确定夹具和刀具的相对位置，对刀元件的结构

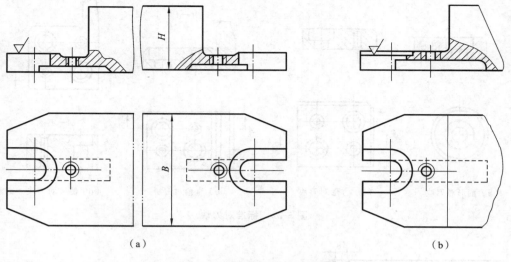

图 5-20 铣床夹具体与耳座

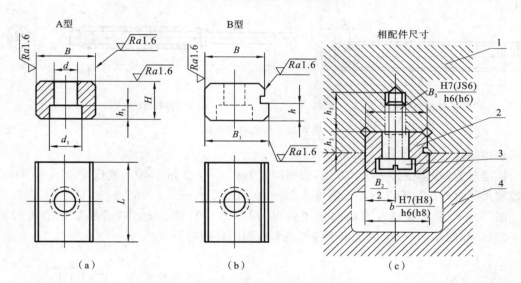

图 5-21 夹具体与机床的连接
1—夹具体；2—定位键；3—螺钉；4—机床工作台

形式取决于加工表面的形状。图 5-22（a）、图 5-22（b）所示分别为圆形和方形对刀块，用于加工平面时对刀；图 5-22（c）所示为直角对刀块，用于加工两相互垂直面或铣槽时的对刀；图 5-22（d）所示为侧装对刀块，亦用于加工两相互垂直面或铣槽时的对刀。这些标准对刀块的结构参数均可从有关手册中查取。

使用对刀元件对刀时，刀具和对刀块之间位置用塞尺调整，以免损坏切削刃或造成对刀块磨损，保证正常走刀。图 5-23 所示为常用标准塞尺，图 5-23（a）所示为对刀平塞尺，图 5-23（b）所示为对刀圆柱塞尺。常用平塞尺的基本尺寸 s 为 $1 \sim 5$ mm，公差等级按 h8 制造；圆柱塞尺的基本尺寸 d 为 $\phi 3$ mm 或 $\phi 5$ mm，公差等级按 h6 制造。在夹具总图上应标明塞尺的尺寸及公差。

对刀块通常制成单独的元件，用螺钉和销钉紧固在夹具上，其位置应便于使用塞尺对刀

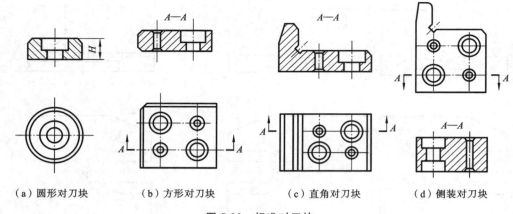

（a）圆形对刀块　　（b）方形对刀块　　（c）直角对刀块　　（d）侧装对刀块

图 5-22　标准对刀块

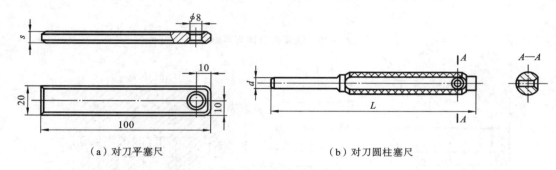

（a）对刀平塞尺　　　　　　　　　（b）对刀圆柱塞尺

图 5-23　标准对刀塞尺

和不妨碍工件的装卸。

标准对刀块的材料一般为 20 钢，渗碳深度为 0.8～1.2 mm，淬火硬度为 55～60 HRC。标准塞尺的材料一般为 T8，淬火硬度为 55～60 HRC。

图 5-24 所示为各种对刀块的使用情况，图 5-24（a）、图 5-24（b）所示是标准对刀块，图 5-24（c）和图 5-24（d）所示是用于铣削成形表面的特殊对刀块。

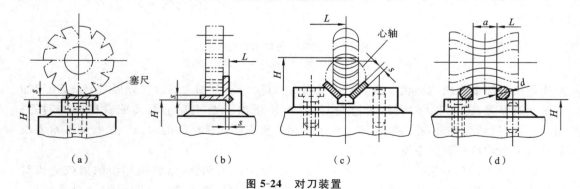

（a）　　　　　　（b）　　　　　　（c）　　　　　　（d）

图 5-24　对刀装置

三、铣床夹具设计实例

如图 5-25 所示，在一道工序中完成车床尾座顶尖套上的键槽和油槽铣削加工，试设计大批量生产时所需的铣床夹具。

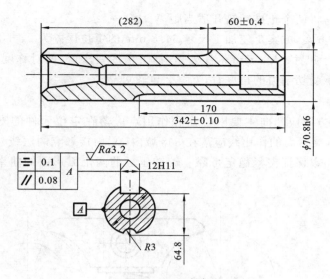

图 5-25 顶尖套

根据工艺规程,在铣双槽之前,其他表面均已加工好,本道工序的加工要求如下:

(1) 键槽宽 12H11,槽侧面对外圆 ϕ70.8h6 轴线的对称度公差为 0.10 mm,平行度公差为 0.08 mm,槽深控制尺寸 64.8 mm,键槽长度(60±0.4) mm。

(2) 油槽半径 3 mm,圆心在轴的圆柱面上,油槽长度 170 mm。

(3) 键槽与油槽的对称面应在同一平面内。

1. 定位方案

若先铣键槽后铣油槽,按照加工需要,铣键槽时应限制五个自由度,铣油槽时应限制六个自由度。由于是大批量生产,为了提高生产率,可在铣床主轴上安装两把直径相等的铣刀,同时对两个工件铣键槽和油槽,每走刀一次,即能得到一个键槽和油槽均已加工好的工件。为达到此目的,有如图 5-26 所示的两种定位方案。

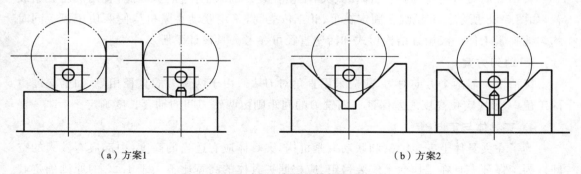

（a）方案1　　　　　　　　　　　　　　　（b）方案2

图 5-26 顶尖套铣双槽定位方案

方案 1:工件以外圆 ϕ70.8h6 在两个互相垂直的平面上定位,端面加止推销,如图 5-26(a)所示。

方案 2:工件以外圆 ϕ70.8h6 在 V 形块上定位,端面加止推销,如图 5-26(b)所示。

为保证油槽和键槽对称而且在同一平面内,两方案中的第二工位(铣油槽工位)都需用一短销插入已铣好的键槽内,限制工件绕轴线转动的自由度。由于键槽和油槽的长度不等,要同时走刀完毕,需将两个止推销错开适当距离。

比较以上两种方案,方案 1 使加工尺寸 64.8 mm 的定位误差为 0,方案 2 则使对称度的定位误差为 0。由于尺寸 64.8 mm 未注公差,加工精度要求低,而对称度有较高精度要求,故方案 2 较好,从承受切削力的角度看,方案 2 也较可靠。

2. 夹紧方案

根据夹紧力的方向应朝向主要限位面和作用点应落在定位元件的支承面范围内的原则,如图 5-27 所示,夹紧力的作用线应落在 β 区域内(N' 为接触点的法线),夹紧力与垂直方向的夹角应尽量小,以保证夹紧稳定可靠。铰链压板的两个弧形面的曲率半径应大于工件的最大半径。

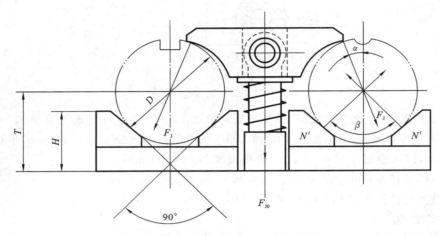

图 5-27 夹紧力的方向和作用点

由于顶尖套较长,需用两块压板在两处夹紧。如果采用手动夹紧,工件装卸所花时间较多,不能适应大批量生产的要求。

若用气动夹紧装置,则夹具体积太大,不便安装在铣床工作台上,因此,宜用液压夹紧装置,如图 5-28 所示。液压缸 5 固定在 Ⅰ、Ⅱ 工位之间,采用联动夹紧机构使两块压板 7 同时均匀地夹紧工件。液压缸结构形式和活塞直径可参考夹具设计手册。

3. 对刀方案

键槽铣刀需两个方向对刀,故应采用直角对刀块。由于两铣刀的直径相等,油槽深度由两工位 V 形块定位高度之差保证。两铣刀的间距则由两铣刀间的轴套长度确定。

4. 夹具体与定向键

为了在夹具体上安装油缸和联动夹紧机构,夹具体应有适当的高度,中部应有较大的空间。为了保证夹具在工作台上安装稳定,应按照夹具体的高宽比不大于 1.25 的原则确定其宽度,并在两端设置耳座,以便固定。

为了保证槽的对称度要求,夹具体底面应设置定位键,两定位键的侧面应与 V 形块的对称面平行。为减小夹具的安装误差,宜采用有沟槽的方形定位键。

顶尖套铣双槽的铣床夹具总图如图 5-28 所示。

5. 夹具总图上的尺寸、公差和技术要求

(1) 夹具最大轮廓尺寸 S_L:570 mm、230 mm、270 mm。

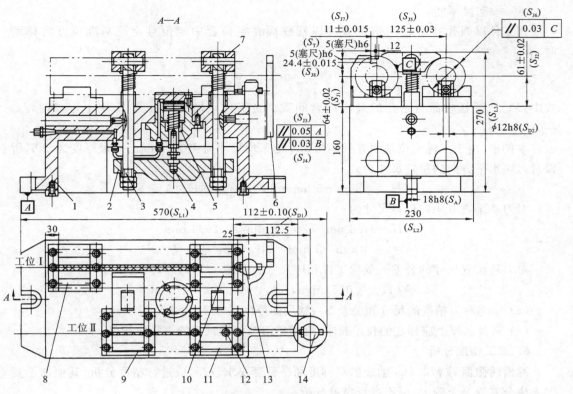

图 5-28 顶尖套铣双槽的铣床夹具总图

1—夹具体;2—浮动杠杆;3—拉杆;4—顶柱;5—液压缸;6—对刀块;

7—压板;8、9、10、11—V 形块;12—定位销;13、14—止推销

(2)影响工件定位精度的尺寸和公差 S_D:两止推销的距离(112±0.10) mm,定位销 12 与工件上键槽的配合尺寸 ϕ12h8。

(3)影响夹具在机床上安装精度的尺寸和公差 S_A:定位键与工作台 T 形槽的配合尺寸 18h8(T 形槽的配合尺寸为 18H8)。

(4)影响夹具精度的尺寸和公差 S_J:两组 V 形块的定位高度(64±0.02) mm、(61±0.02) mm,Ⅰ工位 V 形块 8、10 的限位基准对定位键侧面 B 的平行度公差 0.03 mm;Ⅰ工位 V 形块限位基准对夹具底面 A 的平行度公差 0.05 mm;Ⅰ工位与Ⅱ工位 V 形块的距离(125±0.03) mm;Ⅰ工位与Ⅱ工位 V 形块限位基面 C 间的平行度公差 0.03 mm。对刀块的位置尺寸(11±0.015) mm、(24.4±0.015) mm。

确定对刀块位置的尺寸称为对刀尺寸,是定位元件的限位基准到对刀块工作面的距离。它确定了对刀块与定位元件间的位置关系,最终确定了刀具与定位元件间准确的相对位置。

对刀块的位置尺寸应从限位基准标起,标注时,要考虑定位基准在加工尺寸方向的最小位移量(i_{min})。

当最小位移量使加工尺寸增大时,$h = H \pm s - i_{min}$;

当最小位移量使加工尺寸减小时,$h = H \pm s + i_{min}$。

式中:h——对刀块的位置尺寸;

H——限位基准至加工表面的距离;

s——塞尺厚度。

当工件以圆孔在心轴上定位或者以圆柱面在定位套中定位且定位基准单方向移动时,有

$$i_{\min} = \frac{X_{\min}}{2}$$

式中:$X_{\min}$——圆柱面与圆孔的最小配合间隙。当工件以圆柱面在 V 形块上定位时,$i_{\min}$ =0。

本例中,由于工件定位基面直径 $\phi70.8h6$ 的平均尺寸为 $\phi70.79$ mm,塞尺厚度为 5h6,所以对刀块水平方向的位置尺寸为

$$H_1 = 6 \text{ mm} + 5 \text{ mm} = 11 \text{ mm}(基本尺寸)$$

对刀块垂直方向的位置尺寸为

$$H = 64.8 \text{ mm} - 70.79 \text{ mm}/2 = 29.4 \text{ mm}$$

$$h_2 = 29.4 \text{ mm} - 5 \text{ mm} = 24.4 \text{ mm}(基本尺寸)$$

对刀块位置尺寸的公差一般取工件相应尺寸公差的 1/3~1/5,因此

$$h_1 = (11 \pm 0.015) \text{ mm}, \quad h_2 = (24.4 \pm 0.15) \text{ mm}$$

(5)影响对刀精度的尺寸和公差 S_T:塞尺的厚度尺寸 5h6=$5_{-0.009}^{0}$ mm。

(6)夹具总图上应标注的技术要求:键槽铣刀与油槽铣刀的直径应相等。

6. 加工精度分析

键槽两侧面对 $\phi70.8h6$ 轴线的对称度和平行度要求较高,应进行精度分析,其他加工要求未注公差或公差较大,可不进行精度分析。

1)键槽侧面对 $\phi70.8h6$ 轴线对称度的加工误差分析

(1)定位误差 Δ_D。由于对称度的工序基准是 $\phi70.8h6$ 轴心线,定位基准也是此轴心线,基准重合,故 $\Delta_B = 0$。由于 V 形块具有良好的对中性,故 $\Delta_Y = 0$。因此,对称度的定位误差为零。

(2)安装误差 Δ_A。定位键与 T 形槽的配合为 18H8/h8,定位键在 T 形槽中有两种位置,如图 5-29 所示。

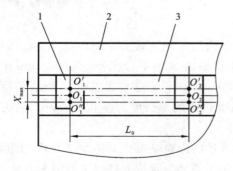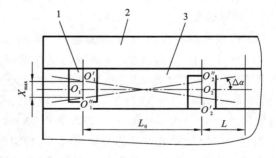

（a）加工尺寸在两定位键之间　　　　　　（b）加工尺寸在两定位键之外

图 5-29　顶尖套铣双槽夹具的安装误差

1—定位键;2—工作台;3—T 形槽

因加工尺寸在两定位键之间,如图 5-29(a)所示,有

$$\Delta_A = X_{\max} = 0.027 \text{ mm} + 0.027 \text{ mm} = 0.054 \text{ mm}$$

若加工尺寸在两定位键之外,如图 5-29(b)所示,有

$$\Delta_A = X_{max} + 2L \cdot \tan \Delta \alpha$$
$$\tan \Delta \alpha = X_{max} / L_0$$

（3）对刀误差 Δ_T。对称度的对刀误差等于塞尺厚度的公差，即 $\Delta_T = 0.009$ mm。

（4）夹具误差 Δ_J。工位 I 的 V 形块限位基准对定位键侧面 B 的平行度 0.03 mm；对刀块水平位置尺寸 11 ± 0.015 mm 的公差 0.03 mm，所以

$$\Delta_J = (0.03 + 0.03) \text{ mm} = 0.06 \text{ mm}$$

2）键槽侧面对 $\phi 70.8h6$ 轴心线平行度的加工误差分析

（1）定位误差 Δ_D。由于两 V 形块 8、10（见图 5-28）一般在装配后一起精加工 V 形面，它们的相互位置误差极小，可视为一长 V 形块，所以，$\Delta_D = 0$。

（2）安装误差 Δ_A。定位键的位置如图 5-29(a) 所示时，$\Delta_A = 0$；定位键的位置如图 5-29 (b) 所示时，$\Delta_A = L_j \tan \Delta \alpha = 282 \times \dfrac{0.054}{400} = 0.038$（mm），式中 L_j 表示两定位键间距。

（3）对刀误差 Δ_T。由于平行度不受塞尺厚度的影响，所以 $\Delta_T = 0$。

（4）夹具误差 Δ_J。影响平行度的制造误差是工位 I 的 V 形块限位基准与定位键侧面 B 的平行度 0.03 mm，所以 $\Delta_J = 0.03$ mm。

将以上各项归纳于表，如表 5-2 所示。

表 5-2 顶尖套铣双槽夹具的加工误差　　　　　　（单位：mm）

误差名称	加工要求	
	对称度 0.1 mm	平行度 0.08 mm
定位误差 Δ_D	0	0
安装误差 Δ_A	0.054	0.038
对刀误差 Δ_T	0.039	0
夹具误差 Δ_J	0.06	0.03
加工过程误差 Δ_G	$0.1 \times \dfrac{1}{3} = 0.033$	$0.08 \times \dfrac{1}{3} = 0.027$
加工总误差 $\sum \Delta$	$\sqrt{0.054^2 + 0.009^2 + 0.06^2 + 0.033^2} = 0.088$	$\sqrt{0.038^2 + 0.03^2 + 0.027^2} = 0.055$
夹具精度储备量 J_C	$0.1 - 0.088 = 0.012$	$0.08 - 0.055 = 0.025$

由表 5-2 可知，经计算该夹具有一定的精度储备，能满足工序加工尺寸的精度要求。

◀ 5.3 车床夹具设计 ▶

车床夹具简称车夹具，是安装在回转主轴上使用的夹具。夹具安装在车床主轴上，随主轴回转，以加工出回转表面。车刀做进给运动。车削过程中，车床主轴中心、夹具中心和车削生成的表面中心，三者相关联。

一、车床夹具的主要类型

1. 圆盘式车床夹具

圆盘式车床夹具的夹具体为圆盘形。在圆盘式车床夹具上加工的工件，大多数的定位

基准是与加工圆柱面垂直的端面,夹□□的平面定位元件与车床主轴的轴线垂直。

图 5-30 所示为十字槽轮精车圆□□ $\phi23^{+0.023}_{0}$ mm 的工序简图。本工序要求保证四处圆弧尺寸 $\phi23^{+0.023}_{0}$ mm,对角圆弧□□寸(18±0.02) mm 及对称度公差 0.02 mm,圆弧 $\phi23^{+0.023}_{0}$ mm 轴心线与外圆 $\phi5.5\text{h}$ 轴线的平行度公差 $\phi0.01$ mm。

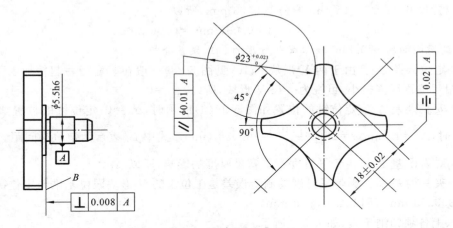

图 5-30　十字槽轮精车工序简图

如图 5-31 所示,为完成该精车工序所使用的车床夹具的设计方案,工件以外圆面 $\phi5.5\text{h}6$、端面 B、半精车的 $\phi22.5\text{h}8$ 圆弧面(精车剩余的三个圆弧面时则用已经车好的 $\phi23^{+0.023}_{0}$ mm 圆弧面)为定位基面,在夹具上定位套 1 的内孔表面与端面 A、定位销 2(安装在定位套 3 中,则限位表面尺寸为 $\phi22.5^{0}_{-0.01}$ mm;安装在定位套 4 中,则限位表面尺寸为 $\phi23^{0}_{-0.08}$ mm,图中未示出,精车剩余的三个圆弧面时使用)的外圆表面为相应的限位基面。该车床夹具限制了工件 6 个自由度,符合基准重合原则。同时加工三个工件,利于测量加工尺寸。

该夹具保证工件加工精度的措施有:

(1) 圆弧 $\phi23^{+0.023}_{0}$ mm 尺寸由刀具调整保证。

(2) 为保证尺寸(18±0.02) mm 及对称度公差 0.02 mm 要求,定位套孔与工件采用 $\phi5.5\text{G5/h6}$ 配合,限位基准与安装基面 B 的垂直度公差控制为 0.005 mm,定位轴套与安装基准 A($\phi20\text{H7}$ 孔轴心线)的距离 $\phi20.5^{+0.010}_{+0.002}$ mm。在工艺规程中要求同一工件的 4 个圆弧面加工时必须在同一定位套中定位,且使用同一组定位销来防止转动。

(3) 夹具体上止口 $\phi120$ mm 与过渡盘上凸台 $\phi120$ mm 采用过盈配合,设计要求就地按件配制加工过渡盘端面及凸台以减小夹具的对刀和定位误差。

2. 角铁式车床夹具

夹具体呈角铁状的车床夹具称为角铁式车床夹具,其结构不对称,常用于加工壳体、支座、杠杆、接头等零件上的回转面和端面。

图 5-32 所示为一角铁式车床夹具,用于加工壳体零件的孔和端面。工件以底面及两孔定位,并用两个钩形压板夹紧。镗孔中心线与零件底面之间有 8°夹角,这个角度由角铁的角度来保证。为了控制端面尺寸,在夹具上设置了供测量用的测量基准(圆柱棒端面),同时设置了供检验和校正夹具用的工艺孔。

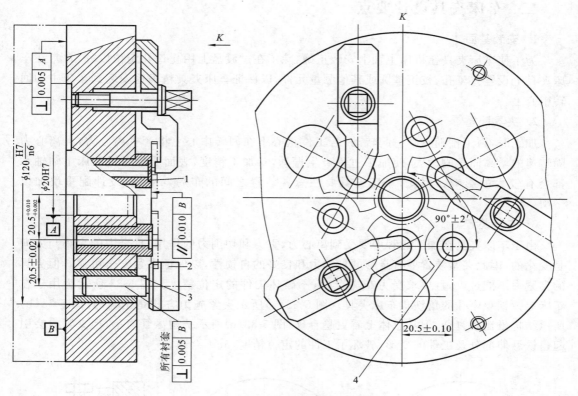

图 5-31 圆盘式车床夹具

1、3、4—定位套;2—定位销

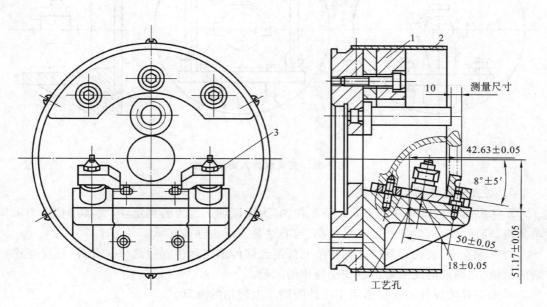

图 5-32 角铁式车床夹具

1—平衡块;2—防护罩;3—钩形压板

二、车床夹具设计要点

1. 安装基面

为了使车床夹具在机床主轴上安装正确,除了在过渡盘上用止口孔定位以外,常常在车床夹具上设置找正孔、校正基圆或其他测量元件,以保证车床夹具精确地安装到车床主轴回转中心上。

2. 夹具配重

加工时,因工件随夹具一起转动,若工件重心不在回转中心上将产生离心力,且离心力随转速的增高而急剧增大,使加工过程产生振动,对加工精度、表面质量以及车床主轴轴承都会有较大的影响。因此,车床夹具要注意各装置之间的布局,必要时设计配重块加以平衡。

3. 夹紧装置

由于车床夹具在加工过程中要受到离心力、重力和切削力的作用,且合力的大小与方向是变化的,因此夹紧装置要有足够的夹紧力和良好的自锁性,以保证夹紧安全可靠。但夹具的夹紧力不能过大,且要求受力布局合理,不破坏工件的定位精度。图 5-33 所示为用于在车床上镗轴承座孔的角铁式车床夹具。图 5-33(a)所示夹紧施力方式是正确的;图 5-33(b)所示结构虽比较复杂,但从总体上看更趋合理;图 5-33(c)所示结构尽管简单,但夹紧力会引起角铁悬伸部分及工件的变形,破坏了工件的定位精度,故不合理。

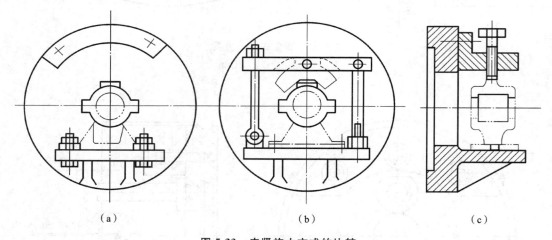

| (a) | (b) | (c) |

图 5-33 夹紧施力方式的比较

4. 对夹具总体结构的要求

车床夹具一般都是在悬臂状态下工作的,为保证加工过程的稳定性,夹具结构应力求简单紧凑、轻便、安全,悬伸长度要尽量小,重心尽量靠近主轴前支承。

为保证安全,装在夹具体上的各个元件不允许伸出夹具体直径之外。此外,还应考虑切屑的缠绕、切削液的飞溅等影响安全操作的问题。

车床夹具的设计要点也适用于在外圆磨床上使用的夹具。

5. 车床夹具的安装

车床夹具安装在车床回转主轴上,与主轴一同旋转。夹具与主轴的连接精度直接影响夹具的回转精度,从而影响工件的加工精度。因此,要求夹具安装面的轴线与主轴回转轴线具有较高的同轴度。

车床夹具与机床主轴的连接形式,取决于机床主轴前端的结构形式。当机床型号确定后,可查阅机床使用说明书或有关手册。图 5-34 所示为常用车床主轴前端结构及与夹具的连接方式。

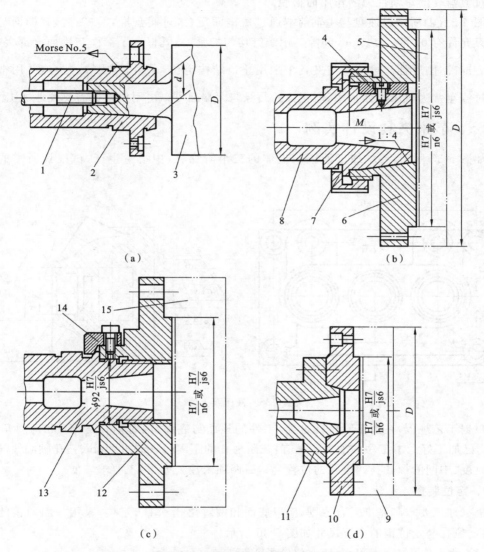

（a）　　　　　　　　　　（b）

（c）　　　　　　　　　　（d）

图 5-34　常用车床主轴前端结构及与夹具的连接方式
1—拉杆;2、8、11、13—主轴;3、5、9、15—夹具体;4—键;6、10、12—过渡盘;7—大螺母;14—压块

夹具与机床主轴的连接方式一般根据夹具径向尺寸的大小而定。夹具的径向尺寸 $D<$ 140 mm或 $D<(2\sim3)d$ 的小型车床夹具如图 5-34(a)所示,一般通过锥柄安装在主轴锥孔中,并从主轴后端用拉杆拉紧,以防夹具在加工过程中受力松脱。这种连接方式结构简单,夹具与机床的安装精度较高。

对径向尺寸较大的夹具,一般通过过渡盘与车床主轴连接。如图 5-34(b)所示,过渡盘以内锥面定心,端面紧贴在主轴凸缘端面 M 上,然后由主轴前端的大螺母锁紧。这种连接方式定心精度较高,但过渡盘的制造比较困难。

图 5-34(c)所示过渡盘与主轴前端轴颈采用 $\phi 92 \dfrac{H7}{h6}$ 或 $\dfrac{JS6}{h6}$ 配合定心,以螺纹与主轴连接。为安全起见,用两个带锥面的压块 14,借螺钉的作用将过渡盘紧贴在主轴凸缘端面上,以防过渡盘受倒车惯性力的作用而松脱。

图 5-34(d)所示过渡盘与主轴前端通过短锥面配合,过渡盘推入主轴后,其端面与主轴端面只允许有 0.05~0.1 mm 间隙。用螺钉均匀拧紧后,既保证了端面与锥面全部接触,又使定心准确,刚度强。过渡盘与夹具多采用止口结构定位,采用 $\dfrac{H7}{h6}$ 或 $\dfrac{JS6}{h6}$ 配合,并用螺钉紧固。过渡盘常为机床附件备用,但止口的凸缘与大端面可以由用户根据需要就地加工。

三、车床夹具设计实例

如图 5-35 所示,要求加工液压泵上体的三个阶梯孔,中批量生产,试设计所需的车床夹具。

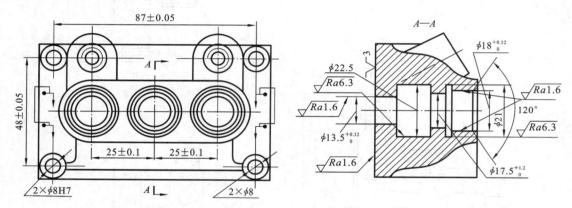

图 5-35　液压泵上体

根据工艺规程,在加工阶梯孔之前,工件的顶面与底面、两对角孔 $\phi 8$H7 和两对角孔 $\phi 8$ mm 均已加工好。本工序的加工要求有:三阶梯孔的距离(25±0.1) mm、三孔轴心线与底面的垂直度、中间阶梯孔与四小孔的位置度。后两项未注公差,加工要求较低。

1. 定位装置

根据加工要求和基准重合原则,应以底面和两对角孔 $\phi 8$H7 定位,采用一面两销的定位方式,定位孔与定位销的主要尺寸如图 5-36 所示。

（1）两定位孔中心距 L 及两定位销中心距 l。

$$L = \sqrt{87^2 + 48^2}\ \text{mm} = 99.36\ \text{mm}$$

$$L_{max} = \sqrt{87.05^2 + 48.05^2}\ \text{mm} = 99.43\ \text{mm}$$

$$L_{min} = \sqrt{86.95^2 + 47.95^2}\ \text{mm} = 99.29\ \text{mm}$$

故中心距 L 的尺寸为(99.36±0.07) mm,两定位销的中心距 l 可取为(99.36±0.02) mm。

（2）取圆柱销直径为 $\phi 8$g6 = $\phi 8^{-0.005}_{-0.014}$ mm。

（3）查表 2-8 得菱形销尺寸 $b = 3$ mm。

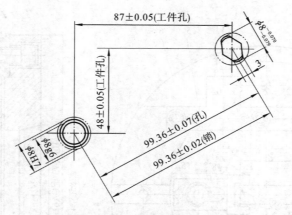

图 5-36　定位孔与定位销的尺寸

（4）求菱形销的直径。因为 $X_{2min} = \dfrac{b(T_{L_D} + T_{L_d})}{D_{2min}} = \dfrac{3(0.14 + 0.04)}{8}$ mm $= 0.07$ mm，

所以

$$d_{2max} = D_{2min} - X_{2min} = 8 \text{ mm} - 0.07 \text{ mm} = 7.93 \text{ mm}$$

菱形销直径的公差取 IT6 为 0.009 mm，得菱形销的直径尺寸为 $\phi 8^{-0.07}_{-0.079}$ mm。

2. 夹紧装置

因是中批量生产，不必采用复杂的动力装置。为使夹紧可靠，宜用两副移动式螺旋压板夹压在工件顶面的两端，如图 5-37 所示。

3. 分度装置

液压泵上体三孔呈直线分布，要在一次装夹中加工完毕，需设计直线分度装置。如图 5-37 所示，花盘 6 为固定部分，移动部分为分度滑块 8。分度滑块与花盘之间用导向键 9 连接，用两对 T 形螺钉 3 和螺母锁紧。由于孔距公差为 ±0.1 mm，分度精度不高，用手拉式圆柱对定销 7 即可。为了不妨碍操作和观察，对定机构不宜轴向布置而应径向安装。

4. 夹具在车床主轴上的安装

由于本工序在 CA6140 车床上进行，过渡盘应以短圆锥面和端面在主轴上定位，用螺钉紧固，有关尺寸可查阅夹具设计手册。夹具体用止口与过渡盘配合。

5. 夹具总图上尺寸、公差和技术要求的标注

（1）最大外形轮廓尺寸 S_L：$\phi 285$ mm 和长度 180 mm。

（2）影响工件定位精度的尺寸和公差 S_D：两定位销孔的中心距（99.36±0.02）mm，圆柱销与工件孔的配合尺寸 $\phi 8\dfrac{H7}{g6}$；菱形销的直径 $\phi 8^{-0.070}_{-0.079}$ mm。

（3）影响夹具精度的尺寸和公差 S_J：对定销导向孔轴心线与夹具体止口轴心线的距离（40±0.1）mm；相邻两对定套的距离（25±0.02）mm，对定销与对定套的配合尺寸 $\phi 10\dfrac{H7}{g6}$；对定销与导向孔的配合尺寸 $\phi 14\dfrac{H7}{g6}$；对定套与分度滑板的配合尺寸 $\phi 18\dfrac{H7}{n6}$；导向键与分度滑板的配合尺寸 $20\dfrac{N7}{h6}$；导向键与夹具体的配合尺寸 $20\dfrac{G7}{h6}$。

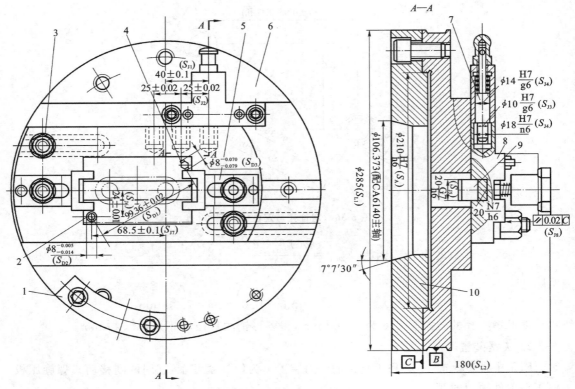

图 5-37　液压泵上体镗三孔夹具

1—平衡块；2—圆柱销；3—T 形螺钉；4—菱形销；5—螺旋压板；

6—花盘；7—对定销；8—分度滑块；9—导向键；10—过渡盘

（4）影响夹具在机床上的安装精度的尺寸和公差 S_A：夹具体与过渡盘的配合尺寸 $\phi210\dfrac{H7}{h6}$。

6. 加工精度分析

本工序的主要加工要求是三孔的孔距尺寸（25±0.1）mm。此尺寸主要受分度误差的影响，因此，只要算出分度误差即可。

直线分度的分度误差按下式计算：

$$\Delta_F = 2\sqrt{\delta^2 + X_1^2 + X_2^2 + e^2}$$

式中：δ——两相邻对定套的距离尺寸公差（mm）；

$\quad\quad X_1$——对定销与对定套的最大配合间隙（mm）；

$\quad\quad X_2$——对定销与导向孔的最大配合间隙（mm）；

$\quad\quad e$——对定销的对定部分与导向部分的同轴度（mm）。

因两对定套的距离为（25±0.02）mm，所以，$\delta=0.04$ mm。因对定销与对定套的配合尺寸是 $\phi10\dfrac{H7}{g6}$，$\phi10H7$ 为 $\phi10^{+0.015}_{0}$ mm，$\phi10g6$ 为 $\phi10^{-0.005}_{-0.014}$ mm，所以，$X_1=0.015$ mm＋0.014 mm＝0.029 mm。因对定销与导向孔的配合尺寸是 $\phi14\dfrac{H7}{g6}$，$\phi14H7$ 为 $\phi14^{+0.018}_{0}$ mm，$\phi14g6$ 为 $\phi14^{-0.008}_{-0.017}$ mm，所以，$X_2=0.018$ mm＋0.017 mm＝0.035 mm。设 $e=0.01$ mm，因此

$$\Delta_F = 2\sqrt{0.04^2 + 0.029^2 + 0.035^2 + 0.01^2}\ \text{mm} = 0.12\ \text{mm}$$

由于 $\Delta_F < 0.2$ mm(工序尺寸公差),故此夹具能够保证加工精度。

◀ 5.4 镗床夹具设计 ▶

一、镗床夹具类型

镗床夹具又称镗模,它与钻床夹具相似,也采用了引导刀具的镗套和安装镗套的镗模架。采用镗模可以不受镗床精度的限制而加工出具有较高精度的工件。

镗床夹具主要用于加工箱体、支座等零件上的孔或孔系。由于箱体孔系的加工精度一般要求较高,因此镗模本身的制造精度比钻模高得多。

图 5-38 所示为镗削车床尾座孔的镗模。镗模上有两个引导镗刀杆的支承,并分别设置在刀具的两侧,镗刀杆 9 和主轴之间通过浮动接头 10 连接。工件以底面、槽及侧面在定位板 3、4 及可调支承钉 7 上定位,限制工件的全部自由度。采用联动夹紧机构,拧紧夹紧螺钉 6,压板 5、8 便同时将工件夹紧。镗模支架 1 上装有滚动回转镗套 2,用以支承和引导镗杆。镗模以底面 A 安装在机床工作台上,其位置用 B 面找正。

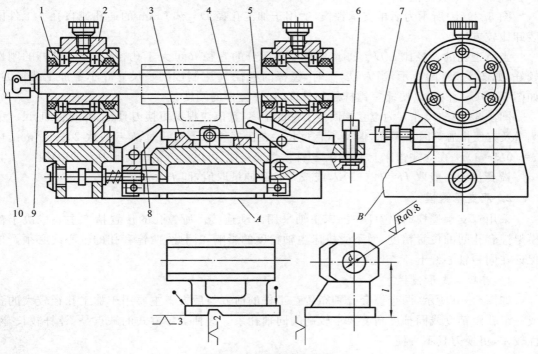

图 5-38 车床尾座孔镗模

1—支架;2—镗套;3、4—定位板;5、8—压板;6—夹紧螺钉;

7—可调支承钉;9—镗刀杆;10—浮动接头

按在镗模上布置形式的不同,镗模支架可分为单支承镗模和双支承镗模等。

1. 单支承镗模

镗杆在镗模中只使用一个位于刀具前面(或后面)的镗套引导,镗杆与机床主轴采用刚性连接。由于机床主轴回转精度会影响镗孔的精度,故只适用于小孔和短孔的加工。

1) 前单支承镗模

如图 5-39(a)所示,镗套布置在刀具前面,即为前单支承镗模。这种方式便于观察和测量,特别适用于锪平面或攻螺纹的工序。缺点是切屑易带入镗套中,且刀具切入与切出行程较长,故多用在孔径 $D>\phi60$ mm 的场合。

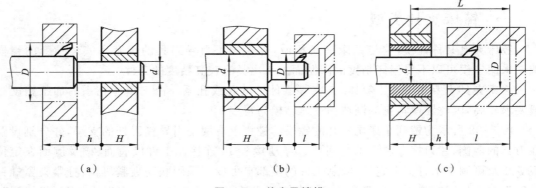

图 5-39 单支承镗模

2) 后单支承镗模

图 5-39(b)所示为后单支承镗模,适用于加工孔径 $D<\phi60$ mm 的通孔或盲孔。工件的装卸比较方便。

当所镗孔的长径比 $l/D<1$ 时,镗杆引导部分的直径 d 可大于孔径 D,此时镗杆的刚性较好,如图 5-39(b)所示;当 $l/D>1$ 时,镗杆的直径 d 应制成同一尺寸并小于加工孔径 D,如图 5-39(c)所示,以便缩短镗杆悬伸长度,保证镗杆的刚度。

图 5-39 中的尺寸 h 为镗套端面至工件的距离,其值应根据更换刀具、工件的装卸、尺寸的测量及方便排屑等因素考虑,但又不宜过长。在卧式镗床上镗孔时,h 一般取 20~80 mm,或 $h=(0.5\sim1)D$;在立式镗床上镗孔时,与钻模情况类似,可以参考钻模设计中 h 的取值。

镗套长度一般取 $H=(2\sim3)d$,或按刀具悬伸量取值,即 $H\geqslant h+1$。

2. 双支承镗模

采用双支承镗模时,镗杆和机床主轴采用浮动连接。所镗孔的位置精度主要取决于镗模架镗套孔间的位置精度,而不受机床主轴精度的影响。因此,两镗套孔的轴心线必须严格保证在同一轴心线上。

1) 前后双支承镗模

如图 5-40 所示,两个镗套分别布置在工件的前方与后方。主要用于加工孔径较大的孔或一组孔距精度或同轴度精度要求较高的同轴孔系。这种引导方式的缺点是:镗杆较长,刚性较差,更换刀具不方便。

注意:当 $L>10d$ 时,应设置中间支承;在采用单刃刀具镗削同一轴线上的几个等直径孔时,镗模应设计让刀机构。一般采用工件抬起一定高度的办法。此时所需要的最小抬起量(让刀量)为 h_{min},如图 5-41 所示,即

$$h_{min}=t+\Delta_1$$

式中:t——孔的单边余量(mm);

Δ_1——刀尖与毛坯间所需要的间隙(mm)。

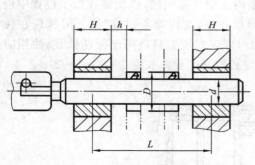

图 5-40　前后双支承镗模

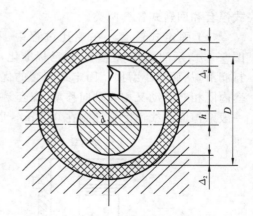

图 5-41　确定让刀量示意图

镗杆最大直径为

$$d_{max} = D - 2(h_{min} + \Delta_2)$$

式中：D——毛坯孔直径（mm）；

　　Δ_2——镗杆与毛坯间所需要的间隙（mm）。

镗套长度 H 的取值为：固定式镗套 $H = (1.5 \sim 2)d$；滑动回转式镗套 $H = (1.5 \sim 3)d$；滚动回转式镗套 $H = 0.75d$。

2）后双支承镗模

后双支承镗模适用于不能使用前后双支承的情况，它既有上述支承方法的优点，又避免了其缺点，如图 5-42 所示。由于镗杆为悬臂梁，故镗杆的伸长距离一般不大于镗杆直径的 5 倍，以免镗杆悬伸过长。镗杆的引导长度 H 宜大于 $(1.25 \sim 1.5)L$，以增强镗杆的刚性和轴向移动的平稳性。

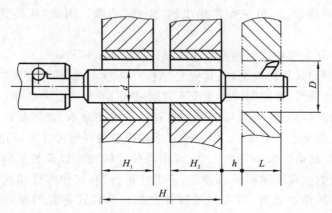

图 5-42　后双支承镗模

二、镗模的设计要点

1. 镗套的选择和设计

1）镗套的分类

镗套的结构与精度直接影响到被加工孔的位置精度与表面粗糙度。常用的镗套有固定式镗套和回转式镗套两类。

（1）固定式镗套。在镗孔过程中，不随镗杆一起转动的镗套，称为固定式镗套。如图 5-43 所示的 A、B 型镗套，现已标准化，其中 B 型内孔中开有油槽，以便能在加工过程中进行润滑，从而减小磨损。固定式镗套的优点是外形尺寸小，结构简单，精度高。但镗杆在镗套内既相对转动又相对轴向移动，镗套易磨损，因此，固定式镗套只适用于低速镗孔，使用时一般摩擦面的线速度宜控制在 0.2 m/s 以下。固定式镗套的导向长度 $L=(1.5\sim2)d$。

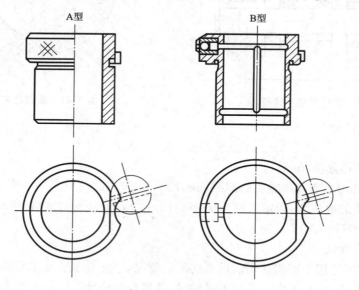

图 5-43　固定式镗套

（2）回转式镗套。回转式镗套随镗杆一起转动，镗杆与镗套只有相对移动而无相对转动，镗套与镗杆之间磨损小，可避免发热出现"卡死"现象。因此，回转式镗套适用于高速镗孔。

回转式镗套可分为滑动式回转镗套和滚动式回转镗套两种。

图 5-44(a) 为滑动式回转镗套，其优点是结构尺寸较小，回转精度高，减振性好，承载能力强，但需要充分的润滑，摩擦面的线速度不宜超过 0.4 m/s。图 5-44(b)、图 5-44(c) 所示为滚动式回转镗套的典型结构，导套与支架之间安装了滚动轴承，旋转线速度可大大提高，一般摩擦面的线速度可大于 0.4 m/s。但滑动式回转镗套的径向尺寸大，回转精度受轴承精度的影响，常采用滚针轴承以减小径向尺寸，采用高精度的轴承以提高回转精度。图 5-44(c) 所示为立式镗孔用的立式滚动回转式镗套，它工作条件差，工作时受切屑和切削液的影响，故结构上应设有防屑保护装置，以免加速镗杆磨损。回转式镗套的导向长度 $L=(1.55\sim3)d$。

当工件孔直径大于镗套孔径时，需在镗套上设引刀槽，使装好刀的镗杆能通过镗套。图 5-45 所示的镗套上装有传动键。键的头部做成尖头，便于和镗杆上的螺旋导向槽啮合而进入镗杆的键槽中，进而保证引刀槽与镗刀对准。

2）镗套的材料及技术要求

镗套的材料常用 20 钢或 20Cr 钢，渗碳淬火，渗碳深度为 0.8～1.2 mm，热处理硬度为 55～60 HRC。有时采用磷青铜做固定式镗套，因其自润滑、耐磨性好而不易与镗杆"咬"住，

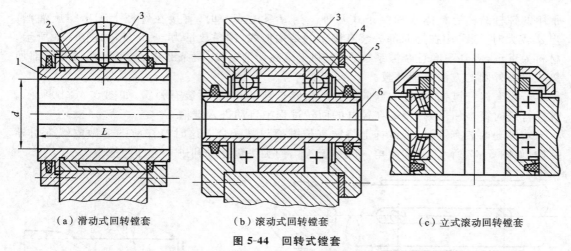

| (a) 滑动式回转镗套 | (b) 滚动式回转镗套 | (c) 立式滚动回转镗套 |

图 5-44　回转式镗套

1、6—镗套；2—滑动轴承；3—镗模支架；4—滚动轴承；5—轴承端盖

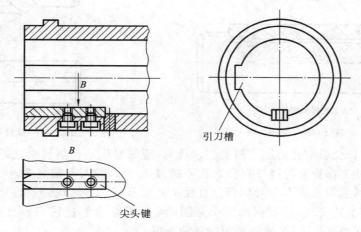

引刀槽

尖头键

图 5-45　回转镗套的引刀槽及尖头键

也可用于高速镗孔，但成本较高。对于大直径镗套，或单件小批量生产用的镗套，可采用铸铁。

镗套内径公差选用 H6 或 H7，外径公差选用 g6 或 g5。镗套内孔与外圆的同轴度公差一般为 $\phi0.005\sim\phi0.01$ mm。内孔的圆度、圆柱度允差一般为 $0.002\sim0.01$ mm。镗套内孔表面粗糙度值 Ra 为 0.4 μm 或 0.8 μm，外圆表面粗糙度值 Ra 为 0.8 μm。

2. 镗杆和浮动卡头

镗杆是镗床夹具中一个重要的部件，镗杆设计时根据所镗孔的直径 D 及刀具截面尺寸 $B \times B$ 来确定镗杆直径（参考表 5-3 选取），以及确定镗杆的恰当长度。为了保证加工精度，镗杆直径 d 应尽可能大，以使其具有足够的刚度。

表 5-3　镗杆直径、镗孔直径与刀具截面尺寸之间的关系

镗孔直径/mm	30~40	40~50	50~70	70~90	90~100
镗杆直径/mm	20~30	30~40	40~50	50~65	65~90
刀具截面尺寸/mm×mm	8×8	10×10	12×12	16×16	20×20

常用的镗杆结构有整体式和镶条式两种。当 $d \leqslant 50$ mm 时,直接在镗杆上车出螺旋油槽。当 d 较大时,则采用在导向部分装有镶条的结构形式,镶条数量为 4~6 条,如图 5-46 所示,材料为青铜,因其耐磨且摩擦系数小,有利于提高切削速度,镶条磨损后,可以在镶条底部加垫块再磨外圆的方法修理补救。

若镗套内开键槽,镗杆的导向部分则相应有键,一般键下装有弹簧,如图 5-46(b)所示。镗杆行进时键被压下,弹簧键在镗杆的回转过程中自动进入键槽。

若镗套内装有键时,则镗杆上将铣有长键槽与其配合。这时镗杆前端多做成螺旋引导结构,如图 5-47 所示,其螺旋角一般小于 45°,使尖头键能顺利进入镗杆键槽中。

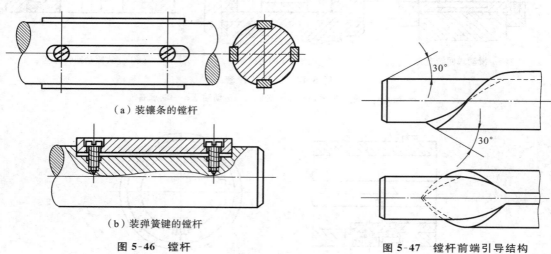

（a）装镶条的镗杆

（b）装弹簧键的镗杆

图 5-46　镗杆

图 5-47　镗杆前端引导结构

镗杆长度过长会影响孔的加工精度。设计时,应尽量缩短前后镗套之间的距离。对于有前后引导的,其工作长度与镗杆直径之比不超过 10:1,最大不超过 20:1。对于悬臂工作状态的镗杆,其悬伸长度 L 与导向部分直径 d 之比 L/d 以 4~5 为宜。

镗刀在镗杆上的安装,应根据加工示意图确定。若装有数把镗刀,则应尽可能对称布置,以使径向切削力平衡,减少镗杆受力的弯曲变形。

镗杆的精度一般比加工孔的精度高两级,粗镗时镗杆的直径公差选 g6、精镗时选 g5;表面粗糙度 Ra 选为 $0.2 \sim 0.4\ \mu m$,圆柱度公差控制在直径公差的一半之内,直线度要求在 500 mm 长度内允差不超过 0.01 mm。

镗杆的材料常选用 45 钢或 40Cr 钢,调质处理后表面淬火硬度达到 40~45 HRC,也可用 20Cr 钢经渗碳淬火处理或选用 38CrMoAlA 氮化钢经渗氮处理等。

双支承镗模的镗杆与镗床均采用浮动连接,图 5-48 所示是常用的一种结构形式。镗杆

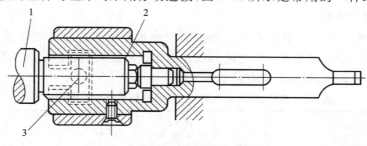

图 5-48　浮动卡头

1—镗杆;2—卡头体;3—拨动销

1 装在浮动卡头体 2 的孔中,并存在浮动间隙。浮动卡头通过莫氏锥柄与镗床主轴连接。主轴回转运动通过拨动销 3 传给镗杆。

◀ 5.5　专用夹具的设计方法 ▶

一、夹具设计的概述

1. 夹具设计的基本要求

1) 保证工件的加工精度

专用夹具应有合理的定位方案,精加工工序还应有合适的尺寸、公差和技术要求,并进行必要的精度分析,以确保工件的尺寸公差和几何公差等。

2) 提高生产效率

专用夹具的复杂程度及先进性应与工件的生产纲领相适应,根据工件生产批量的大小进行合理设置,以缩短辅助时间,提高生产效率。

3) 工艺性好

专用夹具的结构应简单合理,便于加工、装配、检验和维修。

4) 使用性好

专用夹具的操作应简便、省力、安全可靠、排屑方便,必要时可设置排屑结构。

5) 经济性好

应能保证夹具一定的使用寿命和较低的夹具制造成本。适当提高夹具元件的通用化和标准化程度,以缩短夹具的制造周期,降低夹具成本。

夹具设计必须使上述几个要求达到辩证的统一,其中保证加工质量是最基本的要求。采用先进的结构和机械传动装置,往往会增加夹具的制造成本,但当工件的批量增加到一定数量时,由于数量的分摊、效率的提高,工件总的制造成本得以降低。因此,夹具的复杂程度和工作效率必须与零件的生产类型相适应,从而使效率和经济性相统一。

但是,任何技术方案都会有所侧重。如对于位置精度要求很高的加工,往往着眼于保证加工精度;对于位置精度要求不高而加工批量较大的加工,则着重考虑提高夹具的工作效率。

总之,在考虑上述基本要求时,应在满足加工要求的前提下处理好这些因素的关系。

2. 夹具设计方法

夹具设计的工作流程如图 5-49 所示。

3. 专用夹具设计的步骤

1) 明确设计任务与收集设计资料

(1) 了解加工零件的生产纲领,明确每次投产的批量和生产率要求,以便决定装夹工件的数量和选择相应的夹紧机构,以及确定夹具的自动化程度。

(2) 分析加工零件的零件图,了解零件的作用、形状、结构特点、材料及毛坯制造方法和加工余量,分析加工技术要求。

(3) 详细分析零件加工工艺过程,确定本工序的加工表面与其他已成形表面间的关系,寻求合理的定位和夹紧方案。

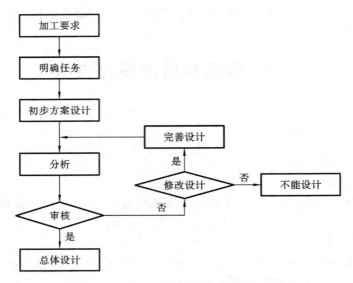

图 5-49　夹具设计流程图

（4）了解使用该夹具的机床的技术参数以及所用切削刀具的结构、尺寸、运动，以及与夹具的配合方式等。

（5）熟悉夹具零部件的国家标准、部颁标准和厂定标准，以及各类夹具图册和手册等，收集一些同类夹具的设计图纸。

2）拟定夹具结构方案，绘制夹具结构方案草图

（1）根据加工要求、工件结构和定位原理，在保证加工精度的基础上，确定定位方案，选择定位元件、机构，必要时对定位精度进行初步估算。

（2）根据工件结构、加工情况、切削力大小及工件重量，确定夹紧力的作用点、方向及计算夹紧力大小，选择合适的夹紧装置。

（3）确定其他装置及元件的结构形式，如对刀导向装置、分度装置等。

（4）确定夹具体的结构形式及夹具在机床上的安装方式。

（5）绘制夹具结构方案草图，并标注尺寸、公差及技术要求。

3）审核方案，改进设计

夹具草图画出后，应征求有关人员的意见，并送有关部门审核，然后根据他们的意见对夹具方案做进一步修改。

4）绘制夹具装配总图

夹具总图应按国家制图标准绘制。图形大小尽量采用 1∶1 比例，以具有良好的直观性，工件过大时可用 1∶2 或 1∶5 的比例，工件过小时可用 2∶1 的比例。主视图应选取面对操作者的工作位置。

绘制夹具总图时应注意以下几点：

（1）用双点划线将工件的外形轮廓、定位基面、夹紧表面及加工表面绘制在各个视图的合适位置。在总图中工件可看作透明体，不遮挡后面的线条。

（2）依次绘出定位装置、夹紧装置、其他装置及夹具体。

（3）合理标注尺寸、公差和技术要求。

（4）编制夹具明细表及标题栏。

5) 夹具零件设计及绘制

对夹具中的非标准零件进行设计,画出零件图,并按夹具总图的要求,确定零件的尺寸、公差及技术要求。

二、夹具的精度及夹具总图尺寸

1. 夹具总图上应标注的尺寸和公差

现以图 5-50、图 5-51 所示夹具为例说明夹具总图上尺寸、公差和技术要求的标注方法。

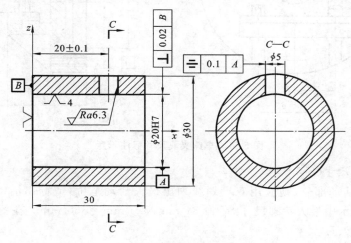

（a）零件工序图

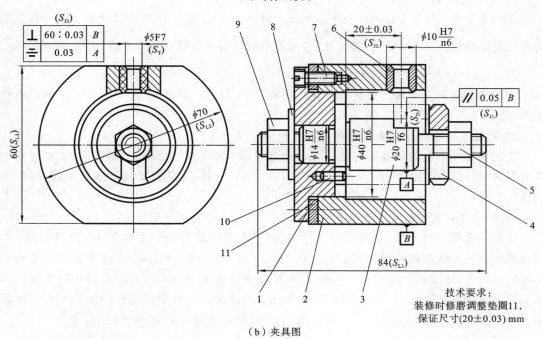

技术要求:
装修时修磨调整垫圈11,
保证尺寸(20±0.03)mm

（b）夹具图

图 5-50 型材夹具体钻模

1—盘;2—套;3—定位心轴;4—开口垫圈;5—夹紧螺母;6—固定钻套;
7—螺钉;8—垫圈;9—锁紧螺母;10—防转销钉;11—调整垫圈

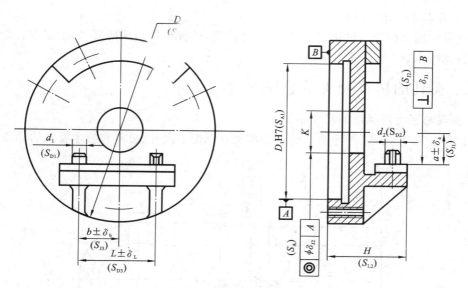

图 5-51　车床夹具尺寸标注示意

1）最大轮廓尺寸（S_L）

若夹具上有活动部分，则应用双点划线划出最大活动范围，或标出活动部分的尺寸范围。如图 5-50 所示中最大轮廓尺寸 S_L 为 84 mm、$\phi70$ mm 和 60 mm。在图 5-51 所示的车床夹具中，S_L 为 D、H。

2）影响定位精度的尺寸和公差（S_D）

它们主要指工件与定位元件及定位元件之间的尺寸、公差。如图 5-50 中标注的定位基面与限位基面的配合尺寸 $\phi20\dfrac{H7}{f6}$；图 5-51 中标注的圆柱销及菱形销的尺寸 d_1、d_2 及销距 $L\pm\delta_L$。

3）影响对刀精度的尺寸和公差（S_T）

它们主要指刀具与对刀或导向元件之间的尺寸、公差。如图 5-50 中标注的钻套导引孔的尺寸 $\phi5F7$。

4）影响夹具在机床上安装精度的尺寸和公差（S_A）

它们主要指夹具安装基面与机床相应配合表面之间的尺寸、公差。如图 5-51 中标注的安装基面 A 与车床主轴的配合尺寸 D_1H7；在图 5-50 中，钻模的安装基面是平面，可不必标注。

5）影响夹具精度的尺寸和公差（S_J）

它们主要指定位元件、对刀元件、安装基面三者之间的位置尺寸和公差。如图 5-50 中标注的钻套轴心线与限位基面间的尺寸（20±0.03）mm，钻套轴心线相对于定位心轴的对称度0.03 mm，钻套轴心线相对于安装基面 B 的垂直度 60∶0.03，定位心轴相对于安装基面 B 的平行度 0.05 mm。又如在图 5-51 中标注的限位平面到安装基准的距离 $a+\delta_a$，限位平面相对安装基面 B 的垂直度 δ_{J1}，找正面 K 相对安装基面 A 的同轴度 $\phi\delta_{J2}$。

6）其他重要尺寸和公差

它们为一般机械设计中应标注的尺寸、公差，如图 5-50 中标注的 $\phi14\dfrac{H7}{n6}$、$\phi40\dfrac{H7}{n6}$、$\phi10\dfrac{H7}{n6}$ 等配合关系。

2. 夹具总图上应标注的技术要求

夹具总图上无法用符号标注而又必须说明的问题,可作为技术要求用文字写在总图的空白处。如几个支承钉采用装配后修磨达到等高、活动 V 形块应能灵活移动、夹具装饰漆颜色、夹具使用时的操作顺序等。如图 5-50 所示中标注:"装配时修磨调整垫圈 11,保证尺寸 (20±0.03) mm"。

3. 夹具总图上公差值的确定

夹具总图上标注公差值的原则是在满足工件加工要求的前提下,尽量降低夹具的制造精度。

1) 直接影响工件加工精度的夹具公差 T_j

夹具总图上标注的第 2~5 类尺寸的尺寸公差和位置公差均直接影响工件的加工精度。取

$$T_j = (1/2 \sim 1/5) T_i$$

式中:T_j——夹具总图上的尺寸公差或位置公差(mm);

T_i——与 T_j 相应的工件尺寸公差或位置公差(mm)。

当工件批量大,加工精度低时,T_j 取小值,以延长夹具使用寿命,又不增加夹具制造难度;反之取大值。

如图 5-50 中的尺寸公差、位置公差均取相应工件公差的 1/3 左右。

对于直接影响工件加工精度的配合尺寸,在确定了配合性质后,应尽量选用优先配合,如图 5-50 中的 $\phi 20 \dfrac{H7}{f6}$。

工件的加工尺寸未注公差时,工件公差 T_i 视为 IT12~IT14,夹具上的相应尺寸公差按 IT9~IT11 标注;工件上的位置要求未注公差时,工件位置公差 T_i 视为 9~11 级,夹具上相应位置公差按 7~9 级标注;工件上加工角度未注公差时,工件角度公差 T_i 视为 ±30′~±10′,夹具上相应角度公差标为 ±10′~±3′(相应边长为 10~400 mm,边长短时取大值)。

2) 夹具上其他重要尺寸的公差与配合

这类尺寸的公差与配合的标注对工件的加工精度有间接影响。在确定配合性质时,应考虑减小其影响,其公差等级可参照机械设计手册标注。如图 5-50 中的 $\phi 14 \dfrac{H7}{n6}$、$\phi 40 \dfrac{H7}{n6}$、$\phi 10 \dfrac{H7}{n6}$。

三、工件在夹具中加工精度分析

现以图 5-50 所示过渡套钻孔 $\phi 5$ 的钻模为例进行分析计算。

1) 定位误差 Δ_D

对加工工序尺寸 20±0.1 mm 的定位误差,$\Delta_D = 0$。

对称度 0.1 mm 的定位误差为工件定位孔与定位心轴配合的最大间隙。工件定位孔的尺寸为 $\phi 20 H7 {\binom{+0.021}{0}}$,定位心轴的尺寸为 $\phi 20 f6 {\binom{-0.020}{-0.033}}$。故 $\Delta_D = X_{max} = 0.021$ mm + 0.033 mm = 0.054 mm。

2) 对刀误差 Δ_T

如图 5-50 中钻头与钻套间的间隙,会引起钻头的位移或倾斜,造成加工误差。由于过

渡套壁厚较薄，可只计算钻头位移引起的误差。钻套导向孔尺寸为 $\phi 5F7\left(^{+0.022}_{+0.010}\right)$，钻头尺寸为 $\phi 5^{\ 0}_{-0.03}$ mm。尺寸（20±0.1）mm 及对称度 0.1 mm 的对刀误差均为钻头与导向孔的最大间隙。故 $\Delta_T = X_{max} = (0.022 + 0.08)$ mm = 0.052 mm。

　　3）夹具的安装误差 Δ_A

　　图 5-50 中夹具的安装基面为平面，因而没有安装误差。故 $\Delta_A = 0$。

　　4）夹具误差 Δ_J

　　图 5-50 中，影响尺寸（20±0.1）mm 的夹具误差为导向孔对安装基面 B 的垂直度，即 Δ_{J3} = 0.03 mm，导向孔轴心线到定位端面的尺寸公差 Δ_{J2} = 0.06 mm。故 $\Delta_J = \sqrt{\Delta_{J2}^2 + \Delta_{J3}^2} = \sqrt{0.06^2 + 0.03^2}$ mm = 0.067 mm。

　　影响对称度 0.1 mm 的夹具误差为导向孔对定位心轴的对称度。故 $\Delta_J = \Delta_{J3'}$ = 0.03 mm。

　　5）加工过程误差 Δ_G

　　因该项误差影响因素多，又不便于计算，所以在设计夹具时常根据经验取工件对应尺寸公差的 1/3。计算时可设 $\Delta_G = T_i/3$。

　　使用过渡套钻孔 $\phi 5$ mm 时，加工精度的计算见表 5-4 所示。

表 5-4　用钻模在过渡套上钻孔 $\phi 5$ mm 的加工精度计算

误差名称	加工要求	
	（20±0.1）mm	对称度 0.1 mm
定位误差 Δ_D/mm	0	0.054
对刀误差 Δ_T/mm	0.052	0.052
安装误差 Δ_A/mm	0	0
夹具误差 Δ_J/mm	0.067	0.03
加工过程误差 Δ_G/mm	0.067	0.033
加工总误差 $\sum\Delta$/mm	$\sqrt{0.052^2 + 0.067^2 + 0.067^2} = 0.108$	$\sqrt{0.054^2 + 0.052^2 + 0.03^2 + 0.033^2} = 0.087$
夹具精度储备量 J_c/mm	0.2 − 0.108 = 0.092 > 0	0.1 − 0.087 = 0.013 > 0

　　由表 5-4 可知，该钻模能满足工件的各项精度要求，且有一定的精度储备。

四、夹具的制造特点及其保证精度的方法

1. 夹具的制造特点

　　夹具通常是单件生产，且制造周期很短，为了保证工件加工要求，很多夹具要有较高的制造精度。夹具制造中，除了生产方式与一般产品不同外，在应用互换性原则方面也有一定的限制，经常采用修配方法，而夹具的制造主要在企业的工具车间进行，一般工具车间有多种加工设备，都具有较好的加工性能和加工精度，以保证夹具的制造精度。

2. 保证夹具制造精度的方法

　　对于夹具上与工件加工尺寸直接有关且精度较高的部位，在夹具制造时常用修配法和调整法来保证夹具精度。

　　对于需要采用修配法的零件，可在其图样上注明"装配时精加工"或"装配时与××件配

作"等。如图 5-52 所示为一钻模保证钻套孔距尺寸(15±0.02) mm 的方法。在夹具体 2 和钻模板 1 的图样上分别注明"配作"字样,其中钻模板上的孔可先加工至留 1 mm 余量的尺寸,待测量出正确的孔距尺寸后,即可与夹具体合并加工出销孔 B。显然,原图上的 A_1、A_2 尺寸已被修正。

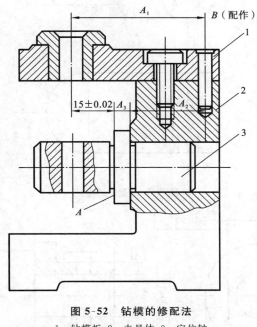

图 5-52　钻模的修配法
1—钻模板;2—夹具体;3—定位轴

镗模也常采用修配法。例如将镗套的内孔与所使用的镗杆单配间隙控制在 0.008～0.01 mm 范围内,即可使镗模具有较高的导向精度。

调整法与修配法相似,在夹具上通常可设置调整垫圈、调整垫板、调整套等元件来控制装配尺寸。这种方法较简易,调整件选择得当即可补偿其他元件的误差,以提高夹具的制造精度。

 思考与练习

5-1　常用钻床夹具分为哪些类型?各有何特点?

5-2　在工件上钻铰孔 $\phi14H7$,铰削余量为 0.1 mm,铰刀直径为 $\phi14m6$。试设计所需钻套,计算导向孔尺寸,画出钻套零件图,标注尺寸及技术要求。

5-3　如图 5-53 所示,在工件上加工孔 $\phi9H7$,工件的其他表面均已加工好。试设计夹具(画出草图),标注尺寸并进行精度分析。

5-4　铣床夹具中,定位键和定向键各有何作用?如何使用?

5-5　铣床夹具设计时,怎样选择或设计对刀块,如何使用对刀块?

5-6　在如图 5-54 所示的接头上铣槽 28H11,其他表面均已加工好。试设计所需的夹具(只画草图),标注尺寸并进行精度分析。

5-7　车床夹具可分为哪几类?各有何特点?

5-8　车床夹具与车床主轴的连接方式有哪些?

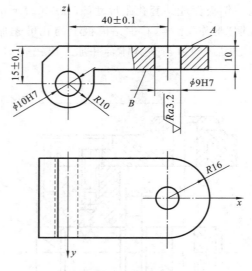

图 5-53 题 5-3 图

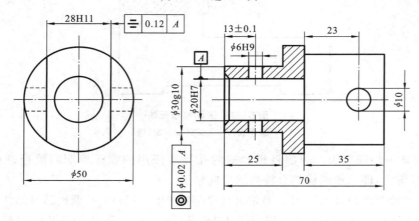

图 5-54 题 5-6 图

5-9　在车床 C6140 上镗如图 5-55 所示轴承座上的 $\phi32K7$ 孔，A 面和两个 $\phi9H7$ 孔已加工好。试设计所需的机床夹具，画出车床夹具草图，标注尺寸并进行精度分析。

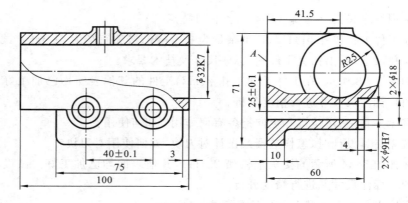

图 5-55 题 5-9 图

第6章
工业机器人夹具设计概述

◀ **知识目标**

（1）了解工业机器人夹具的发展现状与趋势。

（2）了解工业机器人夹具的种类及其应用。

（3）理解典型工业机器人夹具的结构及特点。

◀ **能力目标**

（1）能认识各种类型的工业机器人夹具。

（2）能分析典型工业机器人夹具的结构组成及其工作原理。

（3）能够根据工业机器人工作任务要求，合理选用通用型工业机器人夹具。

◀ 6.1 工业机器人夹具的现状与发展趋势 ▶

随着机器人技术的发展和完善，工业机器人在制造业中得以广泛应用，机器人取代人工作业成为必然趋势。在制造业现代化迅速发展的今天，工业机器人大量应用于物流、汽车制造业、重工业、检验检测等各种人力无法或者很难完成的作业任务。机器人以其高度发达的自动化、便捷的智能化、生产的模块化、使用的网络化得到越来越多的推广与应用。随着科技的进一步发展，工业机器人的功能也更加强大，图6-1所示为我国工业机器人细分产品市场份额。

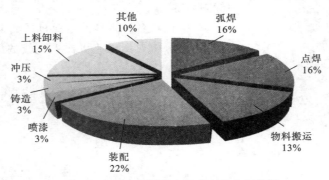

图 6-1 我国工业机器人细分产品市场份额

机器人夹具是工业机器人完成各种动作任务的末端执行机构，也称为末端执行器。机器人夹具作为执行机构，是机器人实现智能化、自动化、高效率、低成本、节能环保等指标的不可或缺的机构单元。因此，机器人夹具的应用无疑是工业机器人实现功能最大化的关键所在。

一、工业机器人夹具的现状

工业机器人夹具的质量、被抓取物体的质量及操作力的总和是机器人所容许的负荷力。因此，要求机器人夹具体积小、质量轻、结构紧凑、夹紧可靠、使用安全。

机器人夹具的通用性与专用性是矛盾的。通用性的机器人夹具在结构上很复杂，甚至很难实现，即使能实现，其造价也相当昂贵。例如，仿人的万能机器人要求心灵手巧，至今尚未实用化。目前，能用于生产线上的机器人夹具还是那些结构简单、通用性不强的机器人夹具。从工业实际应用出发，应着重开发各种专用的、高效率的机器人夹具，辅之以机器人夹具的快速更换装置，以实现机器人多种作业功能；而不主张用一个通用机器人夹具去完成多种作业。

为适用于不同的机器人作业场景，就要求机器人夹具有标准的机械接口（如凸缘盘），使机器人夹具实现标准化和积木化。机器人夹具要便于安装和维修，易于实现计算机控制。最便于计算机控制的是电气式执行机构。因此，工业机器人执行机构的主流是电气式，其次是气压式和液压式（在驱动接口中需要增加电-气或电-液变换环节）。

二、工业机器人夹具的发展趋势

随着制造技术向高速、精密、智能化、数字化、环保等方向飞速发展，机器人夹具也要求具备高精度、高效率、高自动化、高稳定性。由于工业机器人需求量快速增长，机器人夹具应用也越来越广泛。近年来国内外先后研究开发了多种机器人夹具,很多材料为非刚性材料,其质地、形状和尺寸等差异很大。针对不同领域、不同行业使用的机器人夹具基本是专用的,且绝大部分由非专项夹具演化而来,对各种不规则形状实现灵巧、柔顺抓取一直是机器人夹具的设计难点,因而机器人夹具的设计必须根据机器人在特定工况条件下的用户需求,进行订单式专门化设计。

机器人夹具最完美的形式是仿人手型夹持器机构,其具有多个可独立驱动的关节,在操作过程中可通过关节的动作使被抓拿物体在空间做有限度的移动、转动,调整被抓拿物体在空间的位置。几乎人手指能完成的各种复杂动作它都能模仿,诸如拧螺钉、弹钢琴、做礼仪手势等。在手部配置触觉、力觉、视觉、温度传感器,将会使仿人手型夹持器机构更趋完美。仿人手型夹持器机构的应用前景十分广泛,可在各种极限环境下完成人无法实现的操作,如核工业领域作业,宇宙空间作业,高温、高压、高真空环境下作业等。由于仿人手型夹持器机构的结构和控制系统非常复杂,目前尚处于初级阶段,实际使用还相对较少。

总之,随着制造行业产品迭代越来越快,定制化生产需求越来越强,这些行业对自动化产线的多样性、柔性能力的需求越来越高,机器人夹具需求量也越来越大,其机器人夹具设计技术亟待进一步开发研究。因此,下一步工作方向是研制出能满足各种作业要求、实用可靠、结构简单、造价低廉的机器人夹具,以适应多样性的工作环境。

三、工业机器人夹具及其类型

1. 机器人夹具的定义

机器人夹具是末端执行器的一种形式,是安装在机器人手臂上用于夹持工件或让工具按照规定程序完成指定的某种操作或作业的执行机构。

机器人夹具安装在移动设备或者机器人手臂上,使其能够拿起一个对象,并且能处理、传输、夹持、放置和释放对象到一个准确的离散位置,如图 6-2 所示。

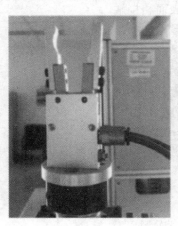

图 6-2   机器人夹具

机器人夹具常见的应用包括机床上下料、工件拆码垛、焊接切割、研磨抛光、喷涂清洗等。目前,机器人夹具应用比较成熟的有机器人抓手、机器人工具快换装置、机器人碰撞传感器、机器人旋转连接器、机器人压力工具、机器人喷涂枪、机器人毛刺清理工具、机器人弧焊焊枪以及机器人电焊焊枪等。

为了方便更换机器人夹具,多使用一种机器人夹具的转换器,快速将机器人手部与夹具(机器人夹持机构)连接。如图 6-3 所示为不同负载重量的快速转换器。

图 6-3　机器人夹具快速转换器

为了实现快速和自动更换机器人夹具(末端执行器),也可以采用电磁吸盘或者气动缩紧的转换器。

2. 机器人夹具的类型

(1) 按工作用途分为手爪式和工具式两种。

手爪式机器人夹具具有一定的通用性,主要功能是抓住工件、握持工件、释放工件;工具式机器人夹具是进行作业的专用工具。

(2) 按夹持方式分为外夹式、内撑式和内外夹持式三种,如图 6-4 所示。

外夹式机器人夹具的手部与工件的外表面相接触;内撑式机器人夹具的手部与工件的内表面相接触;内外夹持式机器人夹具的手部与工件的内、外表面相接触。

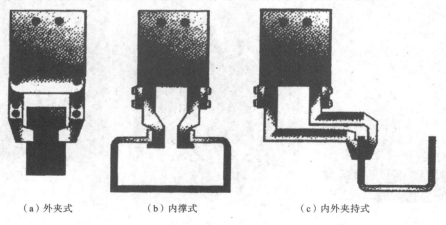

（a）外夹式　　　　　（b）内撑式　　　　　（c）内外夹持式

图 6-4　夹持方式

(3) 按手爪的运动形式分为回转型、平动型和平移型三种。

当手爪夹紧和松开物体时,回转型机器人夹具的手指做回转运动。当被抓物体的直径大小变化时,需要调整手爪的位置才能保持物体的中心位置不变,如图 6-5 所示。

平动型机器人夹具的手指由平行四杆机构传动,当手爪夹紧和松开物体时,手指姿态不

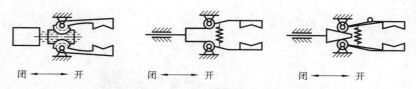

图 6-5 回转型机器人夹具

变,做平移运动,如图 6-6 所示。

当手爪夹紧和松开工件时,平移型机器人夹具的手指做平移运动,并保持夹持中心的固定不变,而不受工件直径变化的影响,如图 6-7 所示。

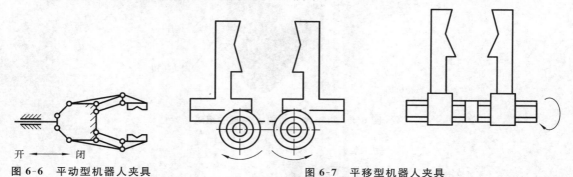

图 6-6 平动型机器人夹具   图 6-7 平移型机器人夹具

(4)按夹持原理分为手指夹持、吸盘夹持和磁力吸盘夹持三种。

手指夹持型机器人夹具包括:外夹式、内撑式、内外夹持式;平移式、平动式、旋转式;二指式、多指式;单关节式、多关节式。

吸盘夹持型机器人夹具包括负压吸盘,有真空式、喷气式、挤气式三种。

磁力吸盘夹持型机器人夹具包括永磁吸盘、电磁吸盘。

(5)按应用范围分为搬运用、加工用、测量用三种。

搬运用机器人夹具一般指各种夹持装置,用来抓取或吸附被搬运的物体。

加工用机器人夹具一般带有喷枪、焊枪、砂轮、铣刀等加工工具的机器人附加装置,用来进行相应的加工作业。

测量用机器人夹具一般装有测量头或传感器的附加装置,用来进行测量及检验作业。

◀ 6.2 典型工业机器人夹具的结构与特点 ▶

一、机电结合夹持式夹具

1. 机电结合机器人夹具的组成

机电结合机器人夹具一般由驱动电动机、传动机构(包括同步带传动和螺旋传动)、导向机构、夹持机构、限位机构和检测元件组成,如图 6-8 所示。

2. 机电结合机器人夹具的结构单元

机电结合机器人夹具的结构如图 6-9 所示。

1)驱动电动机

驱动电机是夹具的力源单元。驱动电动机安装尺寸如图 6-10 所示。

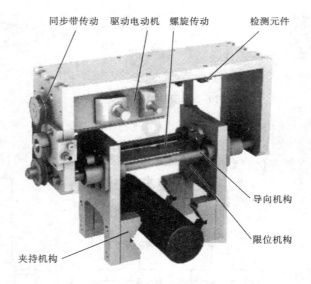

图 6-8　机电结合机器人夹具的组成

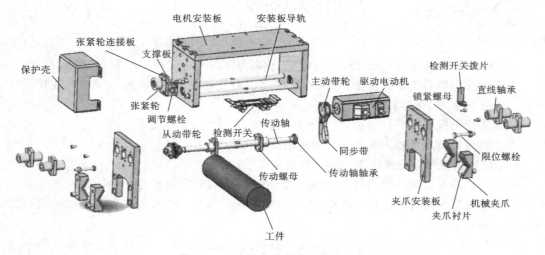

图 6-9　机电结合机器人夹具的结构

驱动电动机上安装的主动带轮通过同步带输出旋转运动至从动轮,传递给传动轴做旋转运动,驱动电动机与同步带轮之间的关系如图 6-11 所示。

2)同步带传动

(1)张紧机构。张紧机构需要根据执行器的结构要求进行设计,该机构由张紧轮、张紧轮连接板、支撑板、调节螺栓等组成,如图 6-12 所示。

张紧轮安装在张紧轮连接板上,张紧轮连接板上有两个长孔,通过螺栓与夹具体上对应的螺纹孔拧在一起,这样就将张紧轮连接板固定在夹具体上。采用长孔的目的是使连接板相对夹具体沿长孔方向有一定的位置调整量,便于调节同步带的松紧程度。支撑板通过两个螺栓与夹具体侧面的螺纹孔拧在一起。张紧时拧进支撑板上的调节螺栓,推动连接板向前移动,带动张紧轮前移,将同步带张紧,调整好同步带的松紧程度后将调节螺栓的锁紧螺母锁紧。

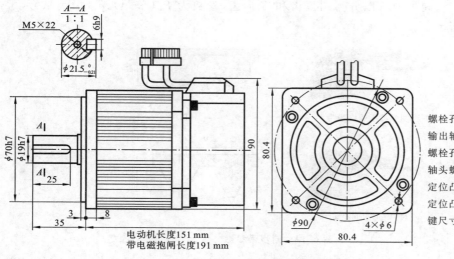

图 6-10 驱动电动机安装示意图

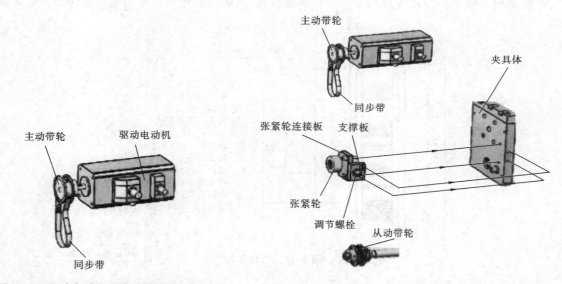

图 6-11 驱动电动机与传动带轮的关系

图 6-12 张紧机构

（2）同步带。同步带有单面齿带和双面齿带两种结构形式,如图 6-13 所示。单面齿带用于张紧轮采用光面轮的情况,双面齿带用于张紧轮采用同步带轮的情况。

（a）单面齿带　　　　　　　　　　（b）双面齿带

图 6-13 同步带结构

按照齿形分类,同步带可以分为圆弧齿和 T 形齿,参数为 P_b（节距）、h_t（齿高）、h_s（齿厚）,如图 6-14 所示。

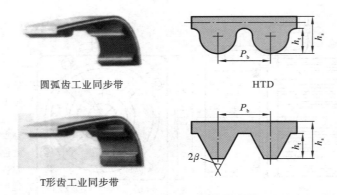

圆弧齿工业同步带　　　　　　HTD

T形齿工业同步带

图 6-14　同步带参数

（3）带轮。图 6-15 所示为带轮参数示例,此带轮两侧有挡边,防止同步带在运转过程中从带轮上脱出。带轮台阶部分钻有顶丝螺纹孔,可通过顶丝将带轮与电动机输出轴固定。

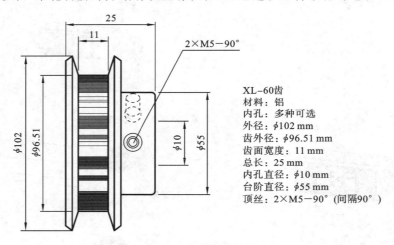

XL-60齿
材料: 铝
内孔: 多种可选
外径: $\phi102\,mm$
齿外径: $\phi96.51\,mm$
齿面宽度: $11\,mm$
总长: $25\,mm$
内孔直径: $\phi10\,mm$
台阶直径: $\phi55\,mm$
顶丝: $2×M5-90°$（间隔90°）

图 6-15　带轮参数

3）螺旋传动

该结构采用滚珠螺旋传动,如图 6-16 所示。

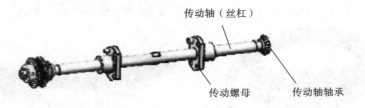

传动轴（丝杠）

传动螺母　　　传动轴轴承

图 6-16　滚珠螺旋传动机构

图 6-17 所示为传动螺母的结构,在螺母 2 的外圆柱表面上,铣出螺旋凹槽,槽的两端钻出两个通孔,与螺旋滚道相切,螺旋滚道内装入两个挡珠器 4,引导滚珠 3 通过这两个孔,同时用套筒 1 盖住槽,构成滚珠的循环回路。

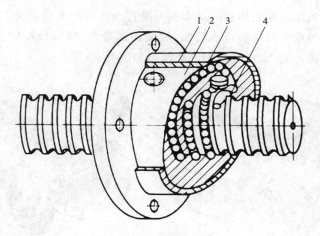

图 6-17　传动螺母结构

1—套筒；2—螺母；3—滚珠；4—挡珠器

　　在执行器的螺旋传动机构中，要求两个螺母产生方向相反的运动，带动两个夹爪相向运动，产生夹紧动作。因此，在丝杠的两端，分别做出两个反向的滚珠螺旋传动机构，当丝杠按照同一方向旋转时，可以使两个移动的螺母产生对中夹紧动作。

　　该机构的工作原理如图 6-18 所示，丝杠两端螺旋方向相反，左端为右旋方向，右端为左旋方向，因此，当丝杠顺时针旋转时，左边螺母向右运动，右边螺母向左运动。

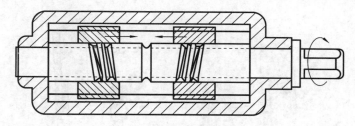

图 6-18　反向双螺旋传动工作原理

4）导向机构——直线轴承

　　图 6-19 所示为导向机构相关零部件，其中直线轴承与导轨协同工作起导向作用，直线轴承是一种精度高、成本低、摩擦阻力小的直线运动系统。直线轴承是和导向轴（安装板导

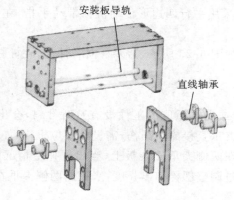

安装板导轨

直线轴承

图 6-19　导向机构

轨）组合使用的，它利用滚珠的滚动运动实现无限直线运动的直动系统。

由于直线轴承的承载球与轴呈点接触，故使用载荷小，球以极小的摩擦阻力旋转，从而能获得高精度的平稳运动，直线轴承的内部结构如图 6-20 所示。

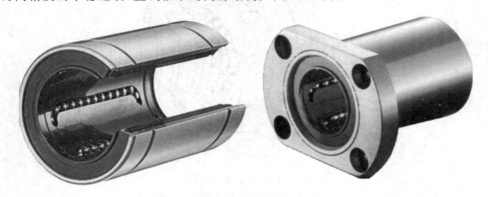

图 6-20　直线轴承内部结构

5）夹持机构

夹持机构有多种类型，常用的有直线平行开合型、圆弧平行开合型和圆弧开合型等。要依据所夹持工件的特点及工作要求来选择合适的夹持机构。

直线平行开合型夹持机构的两手指的运动轨迹为直线，且两手指夹持面始终保持平行，如图 6-21 所示。

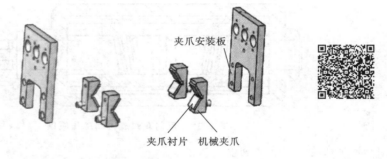

夹爪安装板

夹爪衬片　机械夹爪

图 6-21　直线平行开合型夹持机构

圆弧平行开合型夹持机构的两手指工作时做平行开合运动，指端运动轨迹为一圆弧，如图 6-22所示。该夹持机构采用平行四边形传动机构带动手指，在夹持时，推杆向下运动，指端在夹紧的同时向上后退。

圆弧开合型夹持机构如图 6-23 所示，活塞杆向右伸出，在杠杆带动下，手指指端的夹紧运动轨迹为圆弧。

6）限位机构

由于机器人程序出错，或者被抓取的工件没有及时补料，会出现执行器抓空的情况（未抓到工件），为了防止造成夹爪直接撞击损伤，需设计限位机构，如图 6-24 所示。

其限位螺栓分别固定在两侧夹爪安装板上，当出现抓空情况时，螺栓端部接触止动，从而防止夹爪直接碰撞。通过调整螺栓伸出长度，来控制两侧夹爪在抓空时的限位间距。

7）检测元件

由于机器人程序出错，工件托盘没有及时补料，会出现执行器抓空的情况（未抓到工

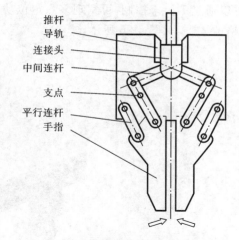

推杆
导轨
连接头
中间连杆
支点
平行连杆
手指

图 6-22 圆弧平行开合型夹持机构

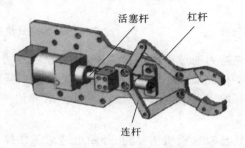

活塞杆　杠杆

连杆

图 6-23 圆弧开合型夹持机构

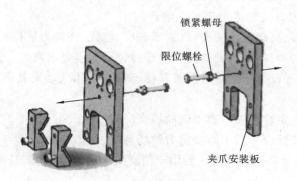

锁紧螺母

限位螺栓

夹爪安装板

图 6-24 限位机构

件),在这种情况下,需要通知上位机控制机器人重复抓取动作,直到抓到工件为止,若重复一定次数后仍未抓到工件,程序停止运行并报错。这就需要用到检测元件,如图 6-25 所示。将检测开关拨片与一侧夹爪安装板固定,随夹爪安装板一起移动,当出现抓空情况时,夹爪安装板运动距离就会超出行程,此时,检测开关拨片触碰检测开关触点,使检测电路闭合,给控制器传送一个抓空(超程)信号,控制器随后控制机器人进行补救动作,或者报错。

3. 机电结合夹持式夹具的特点

(1) 机电结合夹持式夹具以伺服电动机驱动,在可编程逻辑控制器(PLC)、工业计算机、单片机及运动控制器等上位机控制下,具有可编程控制功能,运动精度高,调速方便。夹具手指收拢与张开的定位点可以通过编程来控制,可实现多点定位功能,是机器人的柔性执行终端,能够抓取不同尺寸规格的零件,如图 6-26 所示。

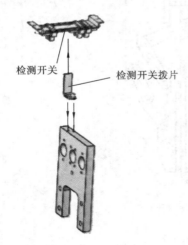

检测开关　检测开关拨片

HAN*S ROBOT

图 6-25　检测元件　　　　　　图 6-26　集成式机电结合夹具

(2) 机电结合式夹具的夹持力通过编程进行调整,并可以实现力的闭环控制,夹持力的精度可以达到 0.01 N,电动手指的加减速可控,对工件的冲击可以降低至最小。

(3) 机电结合式夹具在抓取工件的同时,可以对工件抓取部位的尺寸进行测量,测量精度达到 0.005 mm。

(4) 机电结合夹持式夹具具有自锁机构,防止外断电造成工件掉落、碰撞及设备损伤。

4. 机电结合夹持式夹具的应用范围

机电结合夹持式夹具主要适用于如下场合:

(1) 适用于易变形、易碎工件的夹取(要求速度、位置、夹持力可控)。

(2) 狭窄空间内的物料取放(夹具张开闭合的位置精度要求高)。

(3) 试验室、医疗等没有压缩空气源及其他不适宜使用气动夹具的场合,比如要求静音的场合。

(4) 要求进行多点定位及夹持力可调的场合。

(5) 要求夹具高速开合和产生高夹持力的场合。

总的来说,机电结合夹持式夹具一般用于精度要求高、柔性要求高的高端机器人作业的一些特殊产品和领域。

二、气压结合式机器人夹具

气压结合式机器人夹具是一款机械和气动技术一体化的产品。这类夹具一般由动力源、传感器、机械结构执行元件等组成,夹具的各组成部分必须无缝地协同工作,以执行其职能。选择气压结合式机器人夹具时必须考虑工程和经济两方面因素。

1. 气压结合式机器人夹具的组成

气压结合式机器人夹具由气动元件、夹持机构、同步机构、导向机构四部分组成,如图 6-27 所示。

气动元件即气缸,是系统的动力源;夹持机构在气缸的带动下,完成夹持动作,与工件直

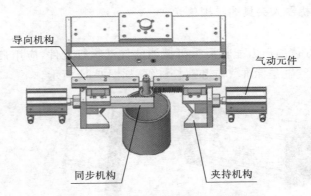

图 6-27　气压结合式机器人夹具的组成

接接触,俗称"夹爪";同步机构保证左右夹爪同步气动元件合拢,完成对工件的夹紧;导向机构对夹爪起支撑和运动导向作用。各部分包含的零件如图 6-28 所示。

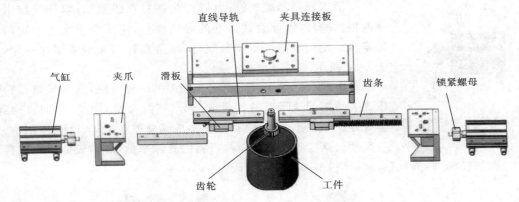

图 6-28　气压结合式机器人夹具结构

气压结合式机器人夹具工作原理如图 6-29 所示,在整个机构的装配关系中,夹爪是核心零件,气缸推动夹爪运动,夹爪除了实现夹持功能外,还需带动同步机构的齿条导向机构的滑板运动,实现同步和导向功能。

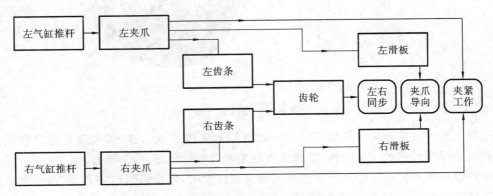

图 6-29　气压结合式机器人夹具工作原理

2. 气压结合式机器人夹具的结构单元

1）气缸

气缸是将压缩气体的压力能转换为机械能的气动执行元件,应用最多的是往复直线运动气缸,比较典型的气缸是标准气缸和双杆气缸,如图 6-30 所示。

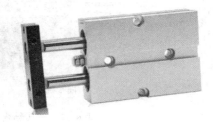

（a）标准气缸   （b）双杆气缸

图 6-30　典型气缸

气缸

锁紧螺母

图 6-31　活塞杆的固定

单活塞杆是标准气缸,可以产生往复直线运动;双杆气缸由于有两根活塞杆,因此直线运动的导向性好,用于要求推送位置精确的场合。使用时需拧紧锁紧螺母,将活塞杆与夹爪紧固在一起,如图 6-31 所示。

集成式气缸是工程上用得比较多的一种气缸,这类气缸是将气压式夹持末端执行器的各组成部分(气缸夹持、同步、导向机构等)集成在一个很小的壳体中,只有夹爪部分露在壳体外面,体积小、安装简便。高度集成化使得执行器的故障率低,成本较低。比较典型的集成式气缸有两指气缸、三指气缸,如图 6-32 所示。

（a）两指气缸   （b）三指气缸

图 6-32　集成式气缸

三指气缸主要用于夹持圆形工件。一般气缸都实现了双向进气,也就是可以完成向内夹紧和向外撑开的两种夹持动作,集成式气缸型号及参数如图 6-33 所示。

参数中磁性开关的作用是当活塞运动到极限位置时,发出信号给控制器,说明夹爪没有抓到工件。磁性开关如图 6-34 所示。

2）夹持机构

（1）双气缸夹持机构如图 6-35 所示。该机构的左右夹爪分别由各自的气缸推动,适用

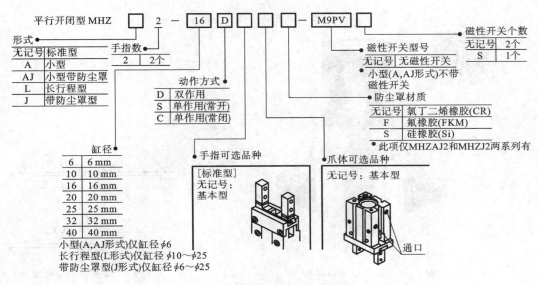

图 6-33 集成式气缸型号及参数

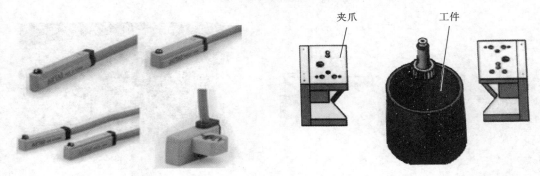

图 6-34 磁性开关　　　　　图 6-35 双气缸夹持机构

于圆形零件体积或质量较大,且需要较大夹持力的情况。

(2) 单气缸夹持机构如图 6-36 所示。在夹持体积质量较小的工件时,夹持机构可由一个气缸推动,称为单气缸夹持机构。活塞 1 向上运动时,通过齿轮齿条机构带动左右齿轮 3 分别逆时针和顺时针旋转,再通过连杆机构 4 带动左右夹爪 5 向里收拢。

3) 同步机构

同步机构的工作原理如图 6-37 所示。上、下齿条的速度 v_1、v_2 大小相等,方向相反。由于上、下齿条与上、下夹爪分别固定在一起,因此上、下夹爪以等速的方式运动,达到同步目的。同步机构的结构如图 6-38 所示。

3. 气压结合式夹具的特点

1) 气压结合式夹具的优点

(1) 气压结合式夹具的工作介质是空气,用过的空气排入大气不会造成污染,管路泄漏也不会导致严重后果。

(2) 空气黏度小,流动阻力小,适合远距离输送。

(3) 气动元件的精度和制造成本低,因此气压结合式夹具的价格较低。

(4) 维护简单,使用安全,无污染,适合食品、药品等领域。

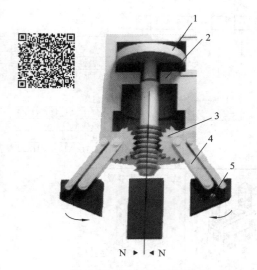

图 6-36　单气缸夹持机构

1—活塞；2—夹持机构；3—齿轮；4—连杆机构；5—夹爪

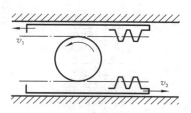

图 6-37　同步机构工作原理

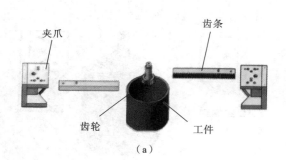

（a）

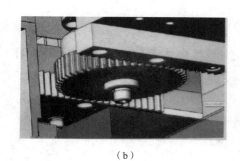

（b）

图 6-38　同步机构的结构

　　（5）气动元件适应性强，能够在恶劣环境下（如强振动、强冲击、强腐蚀、强辐射等环境）工作。

　　2）气压结合式夹具的缺点

　　（1）气压的传递速度在声速（340 m/s）以内，所以气压结合式夹具的工作频率和响应速度远不及机电结合式夹具。由于气压结合式夹具动作的滞后性，在机器人编程中，夹具动作指令的后面需要设置等待时间。

　　（2）气压结合式夹具只能完成简单的抓、放动作，不能进行手指中间点位的控制及速度控制，因此不适合做高精度的抓、放动作。

　　（3）气压结合式机器人夹具的开合只有两个位置点，而且其夹取零件是一个撞击过程，对工件的冲击无法避免。

　　（4）气压结合式机器人夹具的力量和速度难以控制，无法用于高柔性的精细作业场合。

　　因此，在无特殊要求的机器人抓取、搬运作业中，气压结合式机器人夹具是首选。

　　综上所述，气压结合式机器人夹具价格便宜，动作可靠，广泛应用于一般性的抓取作业场合；而机电结合式夹具是一种高精度、高柔性的高端夹具，价格较高，用于一些有特殊要求的产品和领域。

6.3 典型机器人夹具应用案例

目前,随着制造业的迅速发展,工业机器人在自动化制造中的运用也越来越广泛。因此,工业机器人已经成为具有柔性制造系统、集成制造系统的极其重要的自动化工具之一。机器人夹具是工业机器人实现自动化功能必不可少的元素,因此,机器人夹具设计也显得至关重要。例如,自动化生产中的搬运、分拣、冲压、机械加工、焊装、涂装、装配等领域中都广泛应用了工业机器人。

一、机器人夹具设计的基本要求

机械加工类自动化夹具是生产制造实现自动化和智能化基础元素之一,其种类繁多,工况复杂,夹具要求的功能也有很大差异。总体来看,在实现智能化数字化生产制造过程中,机器人作业必须确保动作精准,夹紧可靠。对机器人夹具进行准确有效控制,一方面要求机器人的姿态和运动轨迹定位准确,另一方面要求机器人夹具的定位夹紧安全可靠。主要有以下几点要求:

(1) 应具有适当的夹持力与驱动力。

(2) 手指应具有一定的开闭范围。

(3) 应保持工件在手指内的夹持精度。

(4) 要求结构紧凑,质量轻,效率高。

(5) 应考虑通用性和特殊性。

二、机器人夹具设计的步骤

总体来说,在设计机器人夹具时,一般流程如下:

(1) 明确设计任务,分析工作任务特点及要求。

(2) 拟定夹具结构方案与绘制夹具草图。

① 确定工件的定位方案,设计定位装置。

② 确定工件的夹紧方案,设计夹紧装置。

③ 确定夹具与机床的连接方式,设计连接元件及安装基面。

④ 确定和设计其他装置及元件的结构形式,如预定位装置及吊装元件等。

⑤ 确定夹具体的结构形式及夹具在机床上的安装方式。

⑥ 绘制夹具草图,并标注尺寸、公差及技术要求。

(3) 定位夹紧方案的计算分析。

① 定位精度要求较高时,进行必要的定位误差分析与计算。

② 对不同结构的夹具,进行必要的夹紧力分析与计算。

(4) 改进设计与方案确定。机器人夹具设计方案是可以通过仿真软件或实际调试后,经不断改进优化而最终确定的。设计人员应关注机器人夹具的制造、装配、调试全过程,了解使用过程,以发现问题,及时加以改进,使之达到正确设计的要求。只有当机器人夹具调试使用合格,满足用户需求,才能算完成设计任务。

在实际工作中,上述设计流程并非一成不变,但设计程序在一定程度上反映了设计夹具所要考虑的问题和设计经验，因此对于缺乏设计经验的人员来说，遵循一定的方法、步骤进行设计是很有益的。

三、机器人夹具应用案例

1. 数控加工自动线机器人夹具应用

数控加工自动线机器人夹具主要针对钻孔、攻螺纹、铣削等加工制造实现加工设备上下料自动化。图 6-39 所示为盘类零件加工制造单元，其采用一台六轴关节机器人对现有的两台车床、一台拉键机、一台钻攻机床进行自动上下料，代替工人完成工件的上料、装夹、下料。上料采用链板输送式料仓，下料采用无动力滑道。工程调试完毕，作业区外围需安装安全围栏与安全门，以保障机器人作业期间的安全性。

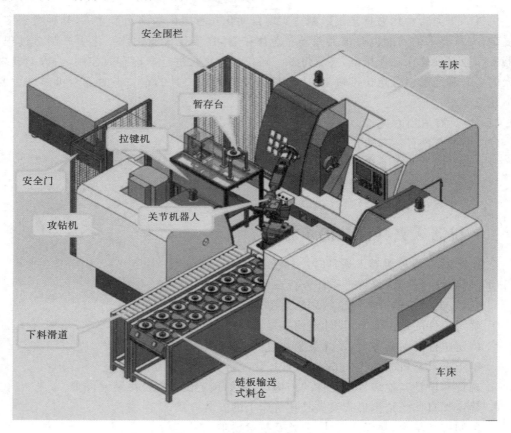

图 6-39　盘类零件加工制造单元

数控机床上下料机器人夹具结构设计，根据工件结构形状和加工工艺要求而确定。本案例机器人夹具拟定为手爪外夹式。夹具结构可选用气动自定心卡爪或气动平行抱夹卡爪，保证上料时工件与主轴的重复定位精度，具体结构如图 6-40 所示。

图 6-40 所示为两种装夹方式的机器人夹具，虽然气动自定心卡爪与气动平行抱夹卡爪的结构不同，但实现功能基本相同，装夹方式的选用主要取决于加工工艺所使用的机床夹具结构。

自动线机器人的夹具安装在机器人快换连接装置上，机器人快换连接装置与机器人手

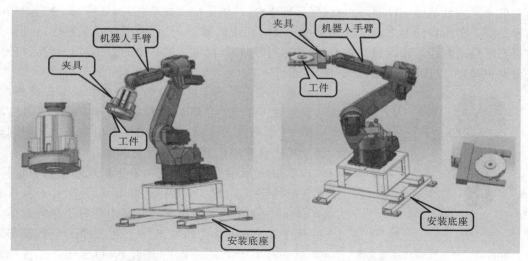

（a）气动自定心卡爪　　　　　　　　　　（b）气动平行抱夹卡爪

图 6-40　机器人夹具夹持方式

臂连接。机器人工作时,夹具卡爪先从链板输送式料仓上抓取出 1 个毛坯件送至车床内,同时从车床主轴夹具上取下车削完成的零件,按机器人预设轨迹和姿态将工件送入 CNC 钻攻机夹具上,然后将取出的钻攻完成的工件送至拉键机接料盘,拉键完成后,将工件取下放置于无动力滑道,通过滑道将工件运送到成品料仓,完成一个工作循环。

　　综合考虑零件结构特征和加工工艺要求,本设计选用标准型气动自定心卡爪,本设计机器人夹具夹取工件的质量为 3 kg,圆盘形结构,且工件径向尺寸变化不影响其中心的位置,故理论夹持误差为零。夹紧装置采用常闭式夹紧装置,在弹簧力作用下机器人卡爪闭合,在抓取工件时依靠卡爪运动的惯性力和手臂的驱动力使卡爪张开,抓取工件后,卡爪靠弹簧力夹紧工件。如图 6-41 所示为三指外夹式自定心机器人夹具。

图 6-41　三指外夹式自定心机器人夹具

2. 车削零件加工自动化夹具应用

本案例为某汽车零部件车削加工中上下料案例,两台车床和一套机械手为一个自动化加工单元。一台车床车杆部，另一台车床车球头，机械手配备翻转台，实现球销/球头的端面翻转加工。车床自动上下料机械手采用一拖二桁架机械手，料仓采用点阵式料仓。机械手控制系统根据数控车床的加工节拍、装夹时间等因素，设置了机械手的最优运行规则及各种安全保护装置，以保障设备的安全、稳定运行。

（a）毛坯　　　（b）成品

图 6-42　毛坯实体和成品实体

图 6-42 所示为车削零件的毛坯件和成品件实体图。其零件加工工艺：毛坯为棒料；夹右端，车左端圆锥和 $M30 \times 1.5$ 螺纹等型面；调头，使用专用夹具夹紧车削球面及其他型面。

图 6-43 所示为气动平行夹具上料现场图，其机器人夹具结构形式如图 6-44 所示，机器人手臂上安装一套 $180°$ 旋转气缸与两套手指气缸。其中一对手指气缸的卡爪（A 卡爪）先从料仓抓取出一个毛坯件送至数控车床内，另一对手指气缸的卡爪（B 卡爪）将已加工工件从车床主轴夹具上取下，然后旋转气缸旋转 $180°$，机械手气动吹屑清理车床主轴夹具与毛坯件上的残屑，然后由 A 卡爪将毛坯件精准地装夹在车床主轴夹具上，最后机械手臂退出数控车床，由 B 卡爪将加工完成的工件送至点阵料仓空位，完成一个工作循环。

图 6-43　气动平行夹具上料

车床的自动化夹具结构，根据加工产品结构特征、加工工艺、机器人的动作要求设计。本案例夹具由两个工位组成，通过手指气缸卡爪的开闭进行工件的夹取，另外，夹具上还安装有扩散反射型光电开关，可检测机器人夹具卡爪抓取工件的状态（有工件/无工件），卡爪上安装 RFID 一体式读写器，可读写加工信息和加工状态，保证上下料的准确性，具体结构如图 6-44 所示。

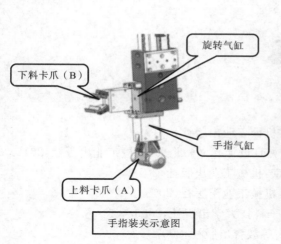

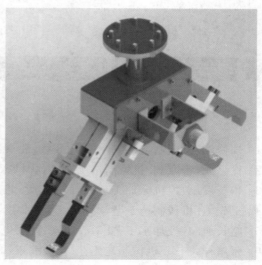

图 6-44 气动平行夹具

 思考与练习

6-1 试说明机器人夹具与工业机器人之间的关系。

6-2 按卡爪的运动形式划分,工业机器人夹具有哪些类型?

6-3 根据夹持方式的不同,工业机器人夹具可分为哪些类型?

6-4 气压结合式夹具有哪些特点?

6-5 机电结合式夹具有哪些特点?

6-6 试说明在工业机器人夹具的结构中设置限位机构和检测元件的原因。

6-7 试分析反向双螺旋传动实现定心夹紧的工作原理。

6-8 请归纳总结工业机器人夹具与机床夹具的异同点。

参考文献 CANKAOWENXIAN

[1] 郑修本.机械制造工艺学[M].3 版.北京:机械工业出版社,2019.

[2] 徐嘉元,曾家驹.机械制造工艺学(含机床夹具设计)[M].北京:机械工业出版社,2012.

[3] 华茂发.数控机床加工工艺[M].2 版.北京:机械工业出版社,2018.

[4] 王先魁.机械制造工艺学[M].4 版.北京:机械工业出版社,2019.

[5] 赵长旭.数控加工工艺[M].西安:西安电子科技大学出版社,2006.

[6] 张绪祥,王军.机械制造工艺[M].北京:高等教育出版社,2007.

[7] 陈吉红,胡涛,李民,等.数控机床现代加工工艺[M].武汉:华中科技大学出版社,2009.

[8] 赵长明,刘万菊.数控加工工艺及设备[M].2 版.北京:高等教育出版社,2015.

[9] 朱淑萍.机械加工工艺及装备[M].2 版.北京:机械工业出版社,2018.

[10] 黄继昌.简明机械工人手册[M].北京:人民邮电出版社,2008.

[11] 王启平.机械制造工艺学[M].哈尔滨:哈尔滨工业大学出版社,1990.

[12] 王信义.机械制造工艺学[M].北京:北京理工大学出版社,1991.

[13] 东北重型机械学院.机床夹具设计手册[M].2 版.上海:上海科学技术出版社,1988.

[14] 吴拓.简明机床夹具设计手册[M].北京:化学工业出版社,2010.

[15] 陈云,杜齐明,董万福,等.现代金属切削刀具实用技术[M].北京:化学工业出版社,2008.

[16] 李名望.机床夹具设计实例教程[M].2 版.北京:化学工业出版社,2018.

[17] 柳青松.机床夹具设计与应用[M].2 版.北京:化学工业出版社,2014.

[18] 谢诚.机床夹具设计与使用一本通[M].北京:机械工业出版社,2018.

[19] 张江华,史琼艳.机床夹具设计与实践[M].武汉:华中科技大学出版社,2019.

[20] 阎青松,翟小兵,朱中仕.机械制造工艺装备设计[M].北京:化学工业出版社,2014.

[21] 上海景格科技股份有限公司.工业机器人夹具设计与应用[M].北京:人民交通出版社,2019.

[22] 汤和.汽车装配制造系统与工艺开发[M].北京:机械工业出版社,2020.

[23] 闻邦椿.机械设计手册 机器人与机器人装备[M].北京:机械工业出版社,2020.

[24] 王纯祥.焊接工装夹具设计与应用[M].2 版.北京:化学工业出版社,2014.